高职高专"十三五"规划教材

Dreamweaver CS6

网页设计与制作教程

孟帙颖　王宝龙　刘　静　主编

翟永君　副主编

U0228645

化学工业出版社

·北京·

本书主要介绍了 Adobe Dreamweaver CS6 的基础知识和功能，并通过典型网页的制作案例，讲解了相关知识点，在其中穿插介绍了许多实用技巧，使讲解更加真实、有效。全书共分 12 章，重点内容包括：认识网页及网页制作工具、网页设计语言 HTML、图像效果应用、表格的应用、超级链接的应用、CSS 样式应用、Div+CSS 灵活布局网页、模板和库的应用、框架的应用、表单的应用、多媒体的应用、行为的应用。

本书融"教、学、做"于一体，理论指导实践，体现了工学结合的职业教学理念。本书可以作为高职高专院校计算机相关专业的教材，也可作为网页设计与制作的培训教材，还可作为网页制作爱好者的自学用书。

图书在版编目(CIP)数据

Dreamweaver CS6 网页设计与制作教程 / 孟帙颖，王宝龙，刘静主编. —北京：化学工业出版社，2019.3（2022.11重印）
高职高专"十三五"规划教材
ISBN 978-7-122-33667-5

Ⅰ. ①D… Ⅱ. ①孟… ②王… ③刘… Ⅲ. ①网页制作工具-高等职业教育-教材 Ⅳ. ①TP393.092.2

中国版本图书馆 CIP 数据核字（2019）第 004997 号

责任编辑：王昕讲
责任校对：边 涛   装帧设计：刘丽华

出版发行：化学工业出版社（北京市东城区青年湖南街 13 号 邮政编码 100011）
印 装：北京科印技术咨询服务有限公司数码印刷分部
787mm×1092mm 1/16 印张 13¼ 字数 341 千字 2022 年 11 月北京第 1 版第 2 次印刷

购书咨询：010-64518888   售后服务：010-64518899
网 址：http:∥www.cip.com.cn
凡购买本书，如有缺损质量问题，本社销售中心负责调换。

定 价：39.00 元   版权所有 违者必究

前　言

Dreamweaver CS6 是一款专业的网页编辑软件，是业界领先的网页开发工具，它具有强大的功能和简便的操作平台，是一款所见即所得方式的网页制作软件。该软件集网页制作、网站管理和程序开发于一身，可以帮助用户在同一个软件中完成所有网站建设的相关工作。

本书主要结合一些小实例介绍 Adobe Dreamweaver CS6 的基础知识和功能，然后通过典型网页的设计与制作过程，深入地讲解相关知识点，并在其中穿插了许多实用技巧，使讲解更加真实、有效，便于学生更好地掌握网页设计与制作的方法。

全书共 12 章，主要内容包括：认识网页及网页制作工具、网页设计语言 HTML、图像效果应用、表格的应用、超级链接的应用、CSS 样式应用、Div+CSS 灵活布局网页、模板和库的应用、框架的应用、表单的应用、多媒体的应用、行为的应用。课堂教学以完成网页设计与制作任务为主线，实行"任务驱动、案例教学、理论实训一体化"的教学方法，融"教、学、做"于一体，理论指导实践，通过实训练习，从实践中学会网页设计与制作的方法与技巧，体现了"做中学、做中会"的教学理念。

本书编写的目的是让使用者尽可能全面掌握 Adobe Dreamweaver CS6 软件的应用，内容的安排由易到难、由浅入深，操作步骤清晰、简明，讲解通俗易懂，适用于不同层次的网页制作人员学习。

本书内容编排考虑了企业岗位的实际情况和学生考证及就业需求，可以作为高职高专院校计算机相关专业的教材，也可作为网页设计与制作的培训教材，还可作为网页制作爱好者的自学用书。

全书由天津轻工职业技术学院孟帙颖、王宝龙和山东理工职业学院刘静担任主编，天津轻工职业技术学院翟永君担任副主编，参加编写的人员还有天津市印刷装潢技术学校李玢和天津轻工职业技术学院李娜、张菁楠、于玲、郭瑞华、陈端、高莹、侯雪。

鉴于编者水平有限，书中难免有不当之处，诚请读者批评指正。

编　者

目　录

第1章　认识网页及网页制作工具

　　一个完整的网站是由一个个单独的网页组成的，因此，要制作网站，要先应学会制作网页。在制作网页之前，需要对网页、网页制作工具，以及制作网站的一些基本流程和技巧有所了解。只有了解了网页基础知识、网站建设的流程、原则和技巧，以及网页编辑工具的相关知识，才能顺利地完成后续的网站制作。下面就网页制作的一些基本知识及目前使用最为广泛的网页编辑软件——Dreamweaver CS6 的相关知识做初步介绍。

1.1　网页制作基础知识

　　网络现已成为人们生活和工作中不可缺少的一部分，所以，网页制作也成为了备受大家关注的技术。在开始学习网页制作之前，先了解一下什么是网页，以及与网页相关的设计知识，是十分有必要的。

1.1.1　认识网页

　　网页是 Internet 中最基本的信息单位，其中包括各种各样的网页元素，网页可以把文字、图形、声音及动画等各种多媒体信息相互联系起来而构成一种信息表达出来。

　　网页又称为 Web 页，是通过浏览器来阅读网络信息的文件。浏览网页时，在浏览器中看到的一个个页面就是网页。如图 1-1 所示。

图　1-1

1.1.2　认识网站

　　网站就是 Internet 上通过超级链接的形式构成的相关网页的集合。网站由一个或多个网页组成，如新浪、优酷、京东等。浏览者可以通过网页浏览器来访问网站，以获取需要的资源或享受网络提供的服务。按网站内容的不同，可将网站分为门户网站、企业网站、个人网站等几种类型，其各自的特点如下。

1. 门户类网站

所谓门户类网站，就是诸如新浪、雅虎、搜狐等网站（图 1-2），能将各种数据资源和互联网资源集成为一个信息管理平台，并以统一的用户接口提供给用户及企业，在企业和企业、企业和客户及内部员工之间建立信息通道，且能够释放存储在企业内部和外部的各种信息的整合式站点。

图　1-2

门户网站又可分为包罗万象型和内容专一型。

（1）包罗万象型。以搜狐为例，通过首页中名目繁多的导航栏就可以发现，这是一个包罗万象的网站，如图 1-3 所示。在这里不仅可以看到政治、军事、财经类的时事新闻，同时还可以看到像彩铃、星座、动漫这样的生活休闲类内容。

图　1-3

这一类的门户网站给人的整体感觉通常是内容多、文字多，没有很多的空隙，所以它们多以白色（新浪、雅虎、搜狐）或较深的单色作为背景，这样不仅可以衬托出琳琅满目的内容，也可以使整个版面显得干净利落，不会让访问者感觉拥挤和眼晕。这一类网页通常使用三种颜色的文本，这样更易于体现出自己想推荐的内容。

（2）内容专一型。这一类门户网站分为很多类型，在设计的时候可以根据所要面对的用户群，进行"量体裁衣"式的设计，根据用户不同的要求制作出不同的门户网站，如图 1-4所示。

图　　1-4

例如，IT 类专门网站是以 IT 行业及相关产品为主题的门户型网站。这类网站除了在网站中能够找到有关 IT 方面的内容外，还有的网站专门登载 IT 信息，这就是 IT 门户网。

2. 企业类网站

所谓企业类网站不用进行过多的解释，谁都能举出一两个例子，例如：微软、联想、海尔等企业的网站（图 1-5）。这一类的网站一般来说结构较为简单，因为内容有限，所以不需要繁琐的多层页面。网站要实现的功能也比较少，主要以共享企业信息、宣传企业形象为主。因此在设计时不仅可以采用庄重、严谨的风格，也可以像设计个人网站一样体现强烈的个性，制作起来也比较容易发挥出设计者的风格。

图　　1-5

企业类网站又可分为电子商务型和宣传形象型

（1）电子商务型。在网络世界中，电子商务网站比比皆是，既有像百货商场那样经营各类商品的网站，也有专门经营服装服饰、农产品等的网站（图1-6）。它们与门户网站不同，不仅提供相应的搜索引擎，同时还可以在网上集体竞价、实时买卖。这一类网站在设计时要注意让访问者保持愉悦的心情，以及对新鲜事物的关注。清新亮丽的颜色和便于访问的页面布局，将会大大提高网页在用户心目中的价值。

（2）宣传形象型。这一类的企业网站，主要功能是充分宣传企业文化和企业形象（图1-7）。页面上除了突出的企业 Logo 和企业名称外，还会有相应的口号等与企业形象有关的构成要素。这类网站可以把页面的风格做得鲜明一些，但是要符合其行业特征。

图 1-6   图 1-7

3. 个人网站

相信很多读者都希望拥有一个制作精良的个人网站，因为这是体现自己个性的一个不错的途径，如果有一个精彩的个人网站出现在互联网上，一定会很高兴。个人网站如图 1-8 所示。

个人网站中的"个人"不完全是指某个人，也可以是几个人组成的一个团体（工作室类网站）。取材通常来源于个人的爱好，因此涉及面非常广泛。现在有许多个人网站会提供 blog（博客）的模板，又因为拥有属于自己的网站需要申请空间，因此越来越多的人选择了 blog 来体现自己的个性。

1.1.3　网页的类型

网页的类型有多种，可按其在网站中的位置进行分类，也可按表现形式进行分类，下面分别进行讲解。

1．按位置分类

网页按其在网站中的位置可分为主页和内页。主页一般指进入网站时看到的第一个页面，也称为首页，有时也称为形象页；内页是指与主页相链接的其他页面，也称为网站的内部页面。

图　1-8

2．按表现形式分类

按网页的表现形式分类，可将网页分为静态网页和动态网页两类。静态网页是指用HTML 语言编写的网页，其制作方法简单易学，但缺乏灵活性；动态网页是指用 ASP、PHP、JSP 等语言编写的网页，该类网页先在 Web 服务器端执行，然后再将执行结果返回客户端并通过浏览器进行显示。动态网页最大的特点是可以动态生成网页内容，可根据客户端提交的不同信息而动态地生成不同的网页内容。

1.1.4　网页设计前的考虑

网页版式设计的优劣直接关系到网站的成功与否。在开始版式设计之前，首先要考虑整个网站成功的几个重点因素。

1．用户因素

无论是着手设计之前，还是正在设计之中，或是设计完毕之后，都有一个最高行动准则，一定要牢记在心，那就是用户优先。因为如果没有用户去光顾，任何自认为设计得再好的网页都是没有意义的。因此，就要求网页设计者不仅要站在经营者的角度，同时也要站在访问者的角度开展设计工作，将最有用、最实际的内容放在网页的首要位置，并尽可能迎合多数用户的浏览习惯，因为网页是服务于大众的。

2．内容因素

"内容是第一位的"，这句话不仅适合书籍，同样适合网页。在制作网页之前，要先想好页面中要放置的内容，也就是网站所有者要告诉访问者，且访问者最想知道的信息。网站的内容可以包括文字、图片、影像、声音等，但一定要与这个网站将要提供给访问者的信息有关系。

3．浏览器因素

在设计网页时，必须考虑网站访问者使用的浏览器。如果想让所有的访问者都可以毫无障碍地浏览页面，那么最好使用所有浏览器都可以阅读的格式或程序技巧。在页面中设置几种不同的观赏模式选项（例如纯文字模式、框架模式、Flash 模式等），供访问者自行选择，就可以避免许多潜在的用户流失。另外，现在的显示器分辨率一般为 1366×768 像素，但是仍有一部分用户在使用 1280×768 像素的分辨率，因此在制作网页时，还要考虑网站浏览的兼容性。因为不同的显示器分辨率不同，所以，同一个页面的大小可能出现 1280×768 像素、1024×768 像素等不同尺寸。由于现在显示器的分辨率一般都在 1024×768 像素以上，所以想要达到浏览网页的最佳效果，可以设置宽为 1000 像素，网页的高度可不做限制。

1.1.5　基本版式设计风格

对于一个网站来说，除了网页内容外，还要对网站进行整体规划设计。要设计出一个精美的网站，前期规划的确是必不可少的。页面布局按照基本版式可分为两种基本形式，上下分割型和左右分割型，但也有一些富有个性的版式设计类型，如半包围型和全包围型。一般情况下，页面布局皆以导航栏为界。

1．上下分割型

上下分割型是最为常见的一种网页结构，通常上方为导航栏，或者是企业动态形象（Flash），下方是内容，如图 1-9 所示。

部分网站只将这种形式用于网站的首页，而二级页面会更换为其他的结构（图 1-10）。

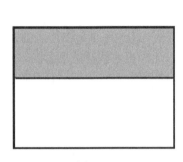　

图　1-9　　　　　　　　　　　　　　图　1-10

2．左右分割型

在左右分割型页面中，左侧通常是导航栏，右侧则是正文。这种结构非常清晰，一目了然。如图 1-11 所示。大部分的大型论坛都采用这种结构，一些企业网站和个人网站也喜欢采用这种结构（图 1-12）。

图　1-11　　　　　　　　　　　　　　图　1-12

3．半包围型

该类页面的布局在页面顶部放置主导航栏(主菜单)，在页面的左右两侧分别列出二级栏目栏或综合性热点区（如广告条、搜索引擎、友情链接、登录面板、注册按钮等），如图 1-13 和图 1-14 所示。这种是互联网中常见的布局，其优点是直观、条理清晰、均衡，缺陷是版式呆板、僵化。在采用这种布局时要注意色彩的和谐搭配，通过巧妙的用色，能够调节页面的整体韵律。

图　1-13　　　　　　　　　　　　　　　　图　1-14

4．全包围型

全包围型页面以半包围型布局为基础，在页面的底部增加了一条横向的菜单（广告条，或者本站另一大板块的超级链接区），如图 1-15 和图 1-16 所示。这样做的目的是为了充分利用有限的页面空间，增大主页面的信息量，缩短正文链接的路径，使访问者比较便捷、直观地浏览所需要的信息，少走弯路。其缺点是页面拥挤、四面封闭，不够灵活。

图　1-15　　　　　　　　　　　　　　　　图　1-16

1.1.6　网页页面的基本组成元素

网页是由多种元素组成的，文本和图像是网页中最基本的元素，它们在网页中起着非常重要的作用，是网页主要的信息载体。除文本和图像外，网页中还经常包含动画、音乐等多媒体元素。

1．文字

文字是网站最基本的内容，是网页主要的信息载体，因此文字素材是制作网站之前必须要准备好的。就企业网站而言，关于公司概况、公司新闻、公司宗旨以及口号这一类的文字，企业都会提供，有时也会提供平面的宣传材料。

2．图像（图片）

图像也是网页不可或缺的元素，它具有比文本更直观和生动的表现形式，并且可以传递一些文本不能传递的信息。网页中支持的图像格式主要包括 JPEG、GIF 和 PNG 三种，其中，JPEG 格式用于照片图像时使用，GIF 格式支持动画和背景透明，PNG 格式也支持背景透明，但一般不太常用。

几乎所有素材图片在应用到网页中之前，都要经过图形图像软件的辅助处理。无论是图片的颜色、大小还是形状等，都需要使用软件进行调节。通常情况下 Photoshop 是最为常用的图片处理软件之一,当然还有 Fireworks 等其他辅助工具。

3.多媒体

音乐、动画等多媒体元素是丰富网页效果和内容的常用元素,在网页中运用非常广泛。多媒体元素的加入,可以使平静的网页变得生机勃勃。

网页中常用的音乐格式有 MID 和 MP3,MID 为通过软件合成的音乐,不能被录制;MP3 为压缩文件,其压缩率非常高,且音质也不错,是背景音乐的首选。不一定所有的网页都有背景音乐,要视网站类型而定。

网页中常用的动画格式主要有两种:一种是 GIF 动画;另一种是 SWF 动画。GIF 动画是逐帧动画,相对比较简单,而 SWF 动画则更富表现力和视学冲击力,还可以结合声音和互动功能,给浏览者强烈的视听感受。

1.2 网站的一般开发流程

制作网站前需要进行许多准备工作,如收集资料、素材和规划站点等,做好这些准备工作后,就可以开始制作网页,最后还需测试站点并进行网站的发布,以及对发布站点进行更新和维护等操作。

1.2.1 收集素材

制作网站的全部素材通常都应该由客户提供,不过大部分情况下,客户只会提供文字和必要的图片。如果要设计的是个人网页,那么素材就要靠设计者自己去搜寻了。需要准备的素材通常可分为文字和图片两大类。

1.2.2 规划站点

在创建站点之前需要对站点进行规划,站点的形式有并列、层次和网状等,需根据实际情况进行选择。

在规划站点时应按站点所包含的内容进行频道的划分,如要制作一个综合性网站,其包含的内容非常多,如军事、文学、社会、时政、体育和情感等多个方面,在各主频道下面又有很多的小栏目,各小栏目下面又包括许多的网页,设计网站时需要考虑到各个网页的内容及版式。

1.2.3 制作网页

制作网页是一个复杂而细致的过程,一定要按照先大后小、先简单后复杂的顺序来制作。所谓先大后小,就是在制作网页时,先把大的结构设计好,然后再逐步完善小的结构设计。在制作网页时首先要做的就是设计版面布局,就像传统报刊杂志制作一样,可将网页看作一张报纸进行排版布局。版面布局是指在浏览器中看到的完整的页面大小。

在制作网页时,要尽量保持网页风格的一致性,可以灵活运用模板提高制作效率。将相同版面的网页做成模板,基于此模板创建网页,以后想改变网页时,只需修改模板即可。也可以采用表格或 AP DIV 对页面进行整体布局,然后将需要添加的内容分别添加到相应的单元格中,并随时预览效果并进行调整。

1.2.4 测试站点

在制作好网页后,不能马上就发布站点,还需对站点进行测试。站点测试可根据浏览器种类、客户端,以及网站大小等要求进行测试,通常是将站点移到一个模拟调试服务器上对其进行测试或编辑。网站测试的内容主要是检查浏览器的兼容性、检查链接是否正确、检查多余标签及语法错误等。

1.2.5　发布站点

发布站点之前需在 Internet 上申请一个主页空间，以指定网站或主页在 Internet 上的位置，然后将网站的所有文件上传到服务器空间中。上传网站通常使用 FTP（远程文件传输）软件将其上传到申请的网址目录下。使用 FTP 软件上传文件速度较快，也可使用 Dreamweaver 中的发布站点命令进行上传。

1.2.6　更新和维护站点

站点上传到服务器后，并不是就一劳永逸了，网站维护人员需要每隔一段时间对站点中的某些页进行更新，保持网站内容的新鲜感，以吸引更多的浏览者，还应定期打开浏览器，检查页面元素显示是否正常、各种超链接是否正常链接等，防止网站出现浏览故障或链接故障等问题影响访客的浏览。

如果一个网站都是静态的网页，在网站更新时就需要增加新的页面，更新链接；如果是动态页面，则只需要在后台进行信息的发布和管理即可。

1.3　网页制作中的技巧

在制作网页的过程中，需遵循一定的原则和技巧，以提高网页的质量，使网页在一定程度上有更好的视觉和体验效果，这也是一位网页设计师所必须具备的相关知识和技能。

1.3.1　网页基本元素的标准及使用技巧

大部分的网页都有 Logo、导航栏、Banner、按钮、文本和图像等网页元素，这些元素又称为网页的基本元素。下面对其中几个主要元素的相关标准及使用技巧分别进行介绍。

1．Logo

Logo（网站标识）一般由图案和文字组合而成，用于宣传和各站点间交换链接。它是整个网站的商标，传达着网站的理念和内涵。Logo 的创意通常来源于网站的名称，当然有的企业原本就有自己的 Logo，只要照搬就可以了。Logo 有多种表现形式：简洁的字符、图形，复杂的文样图案，又或是卡通形象，不拘一格。如图 1-17、图 1-18 所示。

图　1-17　　　　　　　　　　　　　　　　　　图　1-18

2．导航栏

导航栏从本质上讲是一组超级链接，　目的是帮助访问者快速、准确地浏览网站，因此在设计时务必要使导航栏简洁、容易上手。在通常情况下，导航栏都会放置在网页的顶部或者是左侧，对于信息量较大的网站，还可以添加一个扩展导航栏。导航栏的形式也是多样的，当然出现的方式可以由设计师来决定，可以是光标悬停式导航栏，也可以是动态的，如用脚本编写的导航栏或 Flash 导航栏。图 1-19 所示为横向导航网页，图 1-20 所示为纵向导航网页。

图　1-19　　　　　　　　　　　　　　　　　图　1-20

3．Banner

广告 Banner 是指网站中的横幅广告，Banner 的文字应该简洁明了，用来搭配文字的图片不能太复杂，这样才能够突出主题。尽量使用笔画粗壮的文字，以避免造成凌乱的感觉。较少的颜色可以减少图片所占的空间，同时注意要将静态图片都存为 JPG 格式的。现在的广告 Banner 大部分是由 Flash 制作的，这样不仅增强了视觉效果，同时也节省了大量的存储空间。

（1）全尺寸带导航栏 Banner。在最早（1997 年）公布的标准中，这种类型 Banner 的尺寸是 392×72 像素。现在它已经随着页面的变化出现了更多的尺寸，比如 734×305 像素、1002×266 像素等。但无论尺寸如何改变，只要是在网页中横向所占位置和整个页面宽度相同，就被称为全尺寸。如图 1-21 所示。

图　1-21

（2）全尺寸的 Banner。全尺寸 Banner 是最为常见的一类 Banner，通常出现在网站的中间部分。这一类 Banner 可以用来分割大面积的文字，有调整、修饰页面的作用，它的标准尺寸为 468×60 像素。当然这一尺寸也可以由设计师进行改变。如图 1-22 所示。

（3）半尺寸 Banner。半尺寸 Banner 又叫做半栏广告，标准尺寸为 234×60 像素。它们的长度一般情况下相当于页面宽度的一半左右，弹出广告也多采用这种尺寸。如图 1-23 所示。

图　1-22　　　　　　　　　　　　　　　　图　1-23

1.3.2　页面风格技巧

任何一个网站都应该具有自己的特色，都要根据主题和内容决定其风格与形式，因为只有形式与内容的完美统一，才能达到理想的宣传效果。网站的风格主要是从版式设计、色调处理、图片与文字的组合形式等方面体现出来的。要学会根据不同的主题，设计出不同的风格。

1．平面风格

这是网页设计中最常见的一种风格，大多数的网页都采用这种样式。它以二维设计为范本，侧重于构图和色彩。如图 1-24 所示。

2．矢量风格

矢量图片通常体积较小，而且无论是放大还是缩小，图像都不会失真，因此用这种图片制作出来的页面浏览和刷新的速度都比较快。但是矢最图片也有缺点，就是不能逼真地表现事物的真实效果。如图 1-25 所示。

图　1-24　　　　　　　　　　　　　　　　图　1-25

3．像素风格

这一类的网站比较少见，国内的网站中很少有应用这一技术的。 目前像素画制作技术以日本和韩国较为成熟，它的特点是轮廓清晰、色彩明快。应该说像素风格的网站为互联网增添了一道靓丽的风景线。

4．三维风格

利用折叠、凹凸的处理手法，使页面产生浮雕等三维效果，可以使页面显得更丰富、更有深度，多层次、全方位地将整个页面的内容展现给访问者，给人以强烈的视觉冲击。这种设计风格通常用于游戏、音乐、影视，以及部分个人网站的页面。如图 1-26 所示。

5．大胆留白

版面留白，是为版面注入生机的一种有效手段。大胆地留出大片空白，是良好网页版式设计意识的体现。恰当、合理地留出空白，能传达出设计者高雅的审美趣味，打破死板呆滞的常规惯例，使版面通透、开朗、跳跃、清新，给访问者在视觉上造成轻快、愉悦的刺激，也因此得到松弛、小憩。当然，大片空白不可乱用，一旦出现空白，必须有呼应、有过渡，以免造成版面空泛。如图 1-27 所示。

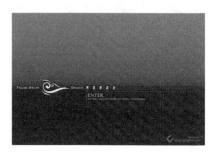

图　1-26   图　1-27

6．页面缺损

页面缺损同页面留白的原理是相同的，也是力求在不平衡中展现视觉平衡。它们的不同点在于，缺损并不是为了引起人的遐想，它只是一种表现手法，通过这种手法可以在过于丰满的页面中留出空隙，给页面一个喘息的空间。

1.3.3　网页构图技巧

1．点构图

点具有可以使视觉集中的特性，具有强烈的视觉吸引力。它经常以各种形象出现在我们的视线中。它的位置、聚集、发散、重叠、交错……能够给人带来不同的感受。通常没有单独的点构图，它总是和面密不可分的。如图 1-28 所示。

图　1-28

图 1-28 的构图方式是一个散点构图。几个点看似无序而实则有序的排列，给人一种随意的顺序感。点的不同形态会给人造成不同的视觉感受，位于页面正中的点集中了浏览者的全部视线，几乎没有偏转的余地。

2．线构图

线在空间中具有方向性和运动性。直线给人的感觉工整、坚定、直爽；曲线给人的感觉则柔和、流畅、温婉。将不同形式的线应用到页面中时，要注意它们之间的关系。另外，线也很少单独构图，因为线粗到一定程度也会形成面。如图 1-29、图 1-30 所示。

图　1-29　　　　　　　　　　　　　　　　图　1-30

3．面构图

面是点的放大、集合，或是由线的运动产生的。与点和线相比，面具有更强的视觉效果和表现力。面无处不在，无论它是以何种形状出现的，而且面也是所有网页中使用最多的一种表达方式。无论是直面，还是曲面，在视觉冲击力方面，它们都强于点和线。如图 1-31 所示。

4．综合构图

点、线、面是视觉的最基本元素，三者具有不同艺术特征。单独运用其中之一都会显得比较单调、乏味，因此在页面中它们通常是共同出现的。上面的例子并不是单独使用这三种元素中的一种，只是某一种元素更为明显。但在设计时要注意，千万不能将这些元素随意摆放，否则会让访问者感觉一团糟。如图 1-32 所示为综合构图网页。

图　1-31　　　　　　　　　　　　　　　　图　1-32

1.3.4　色彩使用技巧

色彩能够直接给人强烈的视觉冲击，要很好地表现一个网页，色彩搭配非常重要。色彩应用原则是：总体协调，局部对比，在同一页面中可以使用相近色来设置页面中的各种元素。制作网页时可使用如下用色技巧。

① 在制作网页时，应首先确定整个站点的主色调。确定主色调需从网站的类型以及网

站所服务的对象出发。如创建校园类站点可以选用绿色；政府类站点可以选用红色。

② 在同一页面中，要在两种截然不同的色调之间过渡时，需在它们中间搭配灰色、白色、黑色，使其能够自然过渡。

③ 网页中的文字与背景要求较高的对比度，通常用白底黑字、淡色背景、深色字体。

④ 如果有一些需要突出显示的内容，则可以采用一些鲜艳的颜色来吸引浏览者的视线。

1.4 网页制作中的专业术语

（1）因特网（Internet）：又称为互联网，是一个把分布于世界各地的计算机用传输介质连接起来的网络。Internet 主要提供的服务有万维网（WWW）、文件传输协议（FTP）、电子邮件及远程登录等。

（2）万维网（World Wide Web）：简称 WWW 或 3W，它是无数个网络站点和网页的集合，也是 Internet 提供的最主要的服务。它是由多媒体链接而形成的集合，通常上网时看到的就是万维网的内容。

（3）URL（Universal Resource Locator）：中文全称为统一资源定位器，简单地说，URL 就是网络服务器主机的地址，也称为网址，其主要由通信协议、主机名和所要访问的文件路径及文件名组成。如 http://www.youku.com/index.html，其中 http 为通信协议；www.youku.com 为主机名，即优酷网站的主机地址，也可用 IP 地址表示；/index.html 表示所要访问的文件路径及文件名，它指明要访问资源的具体位置，在主机名与文件路径之间，一般用/符号隔开。

（4）文件传输协议(File Transfer Protocol)：简称 FTP，是一种快速、高效且可靠的信息传输方法。通过这个协议，可以把文件从一个地方传到另外一个地方，真正地实现资源共享。FTP 是基于客户/服务器（C/S）模型的 TCP/IP（传输控制协议/Interntet 协议）的应用，它通过在客户端和服务器端建立 TCP/IP 连接，相互传输文件资源。

（5）IP 地址：是一组 32 位的数字号码，用于标识网络中的每一台电脑，如 211.81.40.66，在浏览器中输入网站所在服务器的 IP 地址就可以访问该网站。

（6）域名：就如同是网站的名字，任何网站的域名都是全世界唯一的。也可以说域名就是网站的网址，如新浪网站的域名为 www.sina.com.cn。域名由固定的网络域名管理组织进行全球统一管理，用户需向各地的网络管理机构进行申请才能获取域名。域名的一般书写格式为：机构名.主机名.类别名.地区名。例如 www 为机构名，sina 为主机名，com 为类别名，cn 为地区名。

（7）超文本标记语言（Hyper Text Markup Language）：简称 HTML，网页就是通过超文本标记语言创建的，其最基本的特征就是超文本和标记，使用 HTML 语言编写的网页文件的扩展名为 html 或 htm。

（8）超链接：能将不同页面链接起来，它可以是同一站点页面之间的链接，也可以是与其他网站页面之间的链接。超链接有文本链接、图像链接等。在浏览网页时单击超链接就能跳转到与之相链接的页面。

（9）导航条：在一个完整的网站中，导航条链接着各个页面，就如同一个网站的路标，只要单击导航条中的超链接就能进入相应的页面。

（10）发布：是指把制作好的页面上传到网络的过程，有时也称为上传网站。

（11）浏览器：是一种把网页文档翻译成网页的一种软件，通过浏览器，可以快速连接 Internet。一般 Windows 操作系统中都集成了 IE 浏览器，除此之外，还有很多其他网页浏览器可供用户安装和使用。

1.5　认识 Dreamweaver CS6

1.5.1　Dreamweaver CS6 简介

Dreamweaver CS6 是 Adobe 公司推出的一套拥有可视化编辑界面，用于制作并编辑网站和移动应用程序的网页设计软件。它支持代码、拆分、设计、实时视图等多种方式来制作、编写和修改网页。CS6 版本使用了自适应网格版面创建页面，在发布前使用多屏幕预览审阅设计，大大提高了工作效率，同时也增加了很多新功能。

1.5.2　启动和退出 Dreamweaver CS6

Dreamweaver CS6 的启动和退出，同其他程序没什么大的区别。安装 Dreamweaver CS6 后，会在"开始"菜单的"所有程序"列表中添加启动程序菜单，只需选择"开始"/"所有程序"/"Adobe Dreamweaver CS6"命令即可启动该软件，用户也可自己添加桌面快捷方式来启动 Dreamweaver CS6。退出 Dreamweaver CS6 的方法有如下几种：

① 单击主界面右上方的 ✕ 按钮退出；

② 选择"文件"/"退出"命令退出；

③ 单击主界面左上方的 **Dw** 图标，在弹出的快捷菜单中选择"关闭"命令退出；

④ 直接按"Alt+F4"快捷键退出。

1.5.3　认识 Dreamweaver CS6 的工作界面

启动 Dreamweaver CS6 后，可进入其设计主界面，该界面主要由菜单栏、文档工具栏、文档窗口、状态栏、属性面板和面板组等组成，如图 1-33 所示。

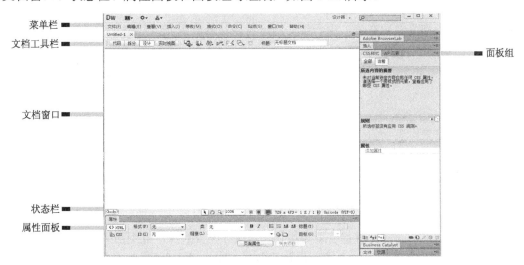

图　1-33

1. 菜单栏

菜单栏中主要包括"文件""编辑""查看""插入""修改""格式""命令""站点""窗口"和"帮助"10 个菜单。单击任意一个菜单，都会弹出下拉菜单，使用下拉菜单中的命令基本能够实现 Dreamweaver CS6 中的所有功能。菜单栏中还包括一个工作界面切换器和一些控制按钮。

2．文档工具栏

使用文档工具栏可以在文档的不同视图之间进行切换，如"代码"视图和"设计"视图等，在工具栏中还包含各种查看选项和一些常用的操作。

① "代码"按钮 代码：单击该按钮，仅在文档窗口中显示和修改 HTML 源代码。

② "拆分"按钮 拆分：单击该按钮，可在文档窗口中同时显示 HTML 源代码和页面的设计效果。

③ "设计"按钮 设计：单击该按钮，仅在文档窗口中显示网页的设计效果。

④ "在浏览器中预览/调试"按钮 ：单击该按钮，在弹出的下拉菜单中选择一种浏览器，用于预览和调试网页。

3．文档窗口

文档窗口用于显示当前创建和编辑的文档。在该窗口中，可以输入文字、插入图片和表格等，也可以对整个页面进行设置，通过单击文档工具栏中的"代码"按钮、"拆分"按钮、"设计"按钮或"实时视图"等按钮，可以分别在窗口中查看代码视图、拆分视图、设计视图或实时显示视图。

4．状态栏

状态栏位于文档窗口的底部，提供与用户正在创建的文档有关的其他信息。状态栏中包括标签选择器、窗口大小弹出菜单和下载指示器等。

5．属性面板

属性面板是网页中非常重要的面板，用于显示文档窗口中所选元素的属性，并且可以对选择的元素的属性进行修改。该面板中的内容因选定的元素不同会有所不同。

6．面板组

面板组位于工作界面的右侧，用于帮助用户监控和修改工作，其中包括"插入"面板、"CSS 样式"面板和"组件"面板等。

① 打开面板：如果需要使用的面板没有在面板组中显示出来，则可以使用"窗口中"菜单将其打开。

② 关闭与打开全部面板：按 F4 键，即可关闭工作界面中所有的面板，再次按 F4 键，关闭的面板又会显示在原来的位置上。

1.6 站点的创建与管理

在使用 Dreamweaver CS6 制作网页时，首先可以利用其站点管理功能创建和管理站点，并且可以直接对站点中的文件进行管理等操作，省去了从文件夹中进行文件管理的麻烦。

由于很多 Web 服务器使用的是英文操作系统或 UNIX 操作系统，而且在 UNIX 操作系统中是要区分大小写的，如 photo.html 和 photo.HTML 会被服务器视为不同的两个文件，因此，在对文件或文件夹命名时最好全部用小写字母。

1.6.1 创建本地站点

（1）启动 Dreamweaver CS6，选择"窗口"/"文件"命令，打开"文件"面板，在"桌面"下拉列表框中选择"管理站点"选项，如图 1-34 所示。

（2）打开"管理站点"对话框，单击下方的 新建站点 按钮，如图 1-35 所示。

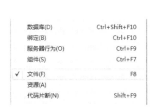

图　1-34

（3）打开"站点设置对象"对话框，在"站点名称"文本框中输入站点的名称，并在"本地站点文件夹"文本框中设置站点文件夹的路径，单击 保存 按钮保存站点，如图 1-36 所示。

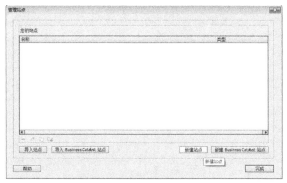

图　1-35　　　　　　　　　　　　　　　图　1-36

（4）创建站点后将返回"管理站点"对话框，其列表框中将显示新建的站点，单击 完成 按钮完成站点的创建。

1.6.2　新建网页文件与文件夹

文件面板是管理整个网站的重要工具，它可以让人们马上看到整个网站的结构，也可以看到整个网站的文件内容，快速地管理网站。在文件面板新建网页和文件夹比较方便、简单。

（1）移动鼠标在文件面板中选择站点根文件夹后，单击鼠标右键，再从弹出的快捷菜单中选择"新建文件"或"新建文件夹"命令。

（2）出现新建的网页文件或文件夹后，输入文件名或文件夹名称并按下回车键。

1.6.3　打开网页文件

方法 1：启动 Dreamweaver 后，移动鼠标在"打开最近项目"的文件列表中选择"打开"选项。

方法 2：移动鼠标到菜单栏选择"文件"，弹出菜单后，从菜单中选择"打开"命令。

方法 3：打开文件面板后，移动鼠标选择要打开的文件，双击即可打开所选择的文件。

还有一种打开文件编辑的方法，是在文件夹窗口（我的电脑）中的网页文件上单击鼠标右键，再从弹出的快捷菜单中选择"使用 Dreamweaver CS6 编辑"命令，也可以打开网页编辑。

1.6.4　保存网页文件

网页不是一下子就可以做好的，做到一半时，可以先将文件保存起来，以后再随时加载修改。

具体保存方法如下。

（1）在菜单栏中选择"文件"→"保存"命令。

（2）出现"另存为"对话框后，从"保存在"下拉列表框中，选择磁盘驱动器编号与文件夹名称，接着在文件名栏中输入文件名称，然后单击"确定"按钮。

1.6.5 网页版面布局

在制作网页的过程中，若是遇到较复杂的画面，可以使用编辑辅助工具， 如标尺（Rulers）、网格线（Grid）等，以提高制作网页的效率。

1．标尺

执行"查看"菜单→"标尺"→"显示"命令。

在编辑区上出现的刻度就是标尺（如图 1-37 所示），它可以作为摆放对象位置的依据。

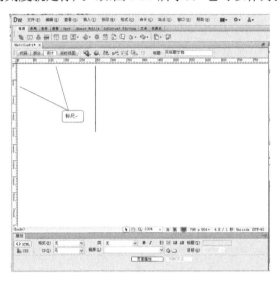

图 1-37

上方的刻度称为水平标尺（X 轴），左边的刻度称为垂直标尺（Y 轴），而原点(0,0)则是在网页的左上角，X 轴若向左移动为负数，Y 轴则是向上移动为负数。

2．网格线

网络线主要的作用是能够更方便地排列图形位置，有了网格线就可以很快地看到对象与对象之间的间距，而这些网格线在实际浏览时是看不到的。

执行"查看"菜单→"网格设置"→"显示网格命令"，选择显示网格线功能后，编辑区就会出现淡绿色的网格线。若是在"网格设置"子菜单中选择"靠齐到网格"命令，则在拖动对象时，对象就会自动吸附并对齐在网格线上。

提示：想要改动网格设置，只要移动鼠标到菜单栏依次选择"查看"→"网格设置"就可以修改成想要的样式了。

1.7 项目实训

请建立一个站点名称为"轻工网络"的网站，并在 E：盘中建立一个站点根文件夹 qgwl，并新建一个网页 index.html 和一个子文件夹 images, index.html 网页的标题为 qgwl，背景色设置为#66ffcc。

第2章 网页设计语言 HTML

2.1 HTML 简介

HTML 的英文全称是 Hyper Text Markup Language,直译为超文本标记语言。它是一种文本类、解释执行的标记语言，是在标准一般化标记语言(SGML) 的基础上建立的。

Dreamweaver 与 HTML 语言有着比较紧密的联系，文本、图像、表格、样式、层、框架等基本元素或对象的建立全是以 HTML 语言为基础的，可以说，HTML 语言是搭建网站的基本"材料"。

HTML 代码既可在 Windows 记事本内书写，也可在 Dreamweaver 的代码视图中书写，在 Dreamweaver 中输入 HTML 代码时有代码提示，既便于初学者学习，又可提高工作效率，如图 2-1 所示。

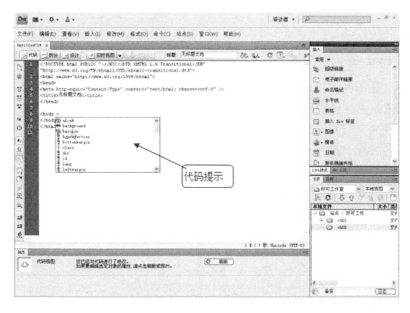

图 2-1

📝提示：在记事本中输入 HTML 文件，存盘时一定要将文件的扩展名设置为.htm 或 .html。

2.2 HTML 语言基础

2.2.1 HTML 标记符基础

标记符是 HTML 语言中一些定义网页内容格式和显示的指令,而标记符的属性用于进一步控制网页内容的显示效果。HTML 基本的语法比较简单，所有的标记行都是用尖括号<>括起来的，例如：<font>标记符。

1．双标记

语法格式：<标记>内容</标记>

HTML 中绝大多数的标记符都是成对出现的，包括开始标记符和结束标记符。成对标记符之间的内容就是该标记符作用的区域。结束标记符和开始标记符的区别就是多了一条斜线。例如：<p>和</p>，其中<p>为开始标记符，</p>为结束标记符。双标记可能多层嵌套，如在<p></p>标记对中可以嵌套<div></div>标记对或其他标记对，在多个嵌套中，一个标记对的结束标记对最近一个标记对开始标记配对。应该注意的是，标记对不能交叉。

2．单标记

语法格式：<标记/>

但是也有一些标记符是单独的标记符，它们没有结束标记符。例如水平线标记符<hr>、断行标记符
等。

提示：在 Dreamweaver CS6 中输入后半个尖括号时会自动弹出/。

HTML 标记符是不区分大小写的，但为了便于阅读，通常采用一致的大小写（本书中所有的标记符都用小写）。另外，在 HTML 中没有语句行的概念，也就是说，所有的标记符和内容都可以位于一行中。浏览器会根据不同的标记符进行解释显示。当然，通常情况下为了使 HTML 文档更容易阅读，建议采用合理的分段和缩进等格式（这些格式不影响网页的显示效果）。

2.2.2 HTML 标记符属性

所谓属性就是指用来描述对象特征的特性。例如，内存的大小、CPU 的速度、硬盘的大小，这些特性就是描述计算机对象的属性。HTML 对页面内容的详细控制，实际上是通过设置标记符的属性来完成的。所以说，学习 HTML 语法，一方面是学习各种标记符；另一方面就是学习针对各种标记符的具体属性。

在 HTML 中，标记符的所有属性都放置在开始标记的尖括号里，属性与标记之间用空格分隔，属性的值放在相应属性之后，用等号分隔，而不同的属性之间用空格分隔。格式为：

<标记　属性1=属性值1　属性2=属性值2 ...>受影响的内容</ 标记>

例如：可以用段落标记符 P 的对齐属性来指定文字的对齐方式，源代码如下：

本段方字显示为水平居中

如果一个标记符有多个属性，那么不同属性之间应该用空格隔开，例如：

<font size="1" color="red">本段文字将显示为红色小字体。

(这里的属性值引号可省略)

HTML 属性通常也不区分大小写。

提示：在书写 HTML 代码时，有些内容可省略，但千万别随便省略，否则有可能会产生意想不到的错误。

2.2.3 HTML 的基本结构

HTML 文件就是由各种 HTML 元素和标签组成的。一个 HTML 文件的基本结构如下：

```
<html>          网页文件开始标记
<head>          头部开始标记
 ...             头部内容
</head>         头部结束标记
```

```
<body>        主体开始标记
    …              主体内容
</body>       主体结束标记
</html>       网页文件结束标记
```

　　不难发现，一个 HTML 文档主要由两个部分组成：标记符<head>和</head>之间的内容构成的头部分，而标记符<body>和</body>之间的内容构成了文档的主体部分，这两部分内容都包含在<html> 和</html> 之间。

1. html

　　语法：

```
<html>    </html>
```

　　说明：<html>标记符标志着 HTML 文件的开始，而</html>标记符则标志着 HTML 文件的结束。Web 页面中其他所有的页面内容都放在这两上标记符之间。HTML 标记符没有任何属性。虽然标记符可以省略（因为文件的后缀已经表明该文件是一个 HTML 文件），但为了使网页结构完整，建议包含该标记符。

2. head

　　语法：

```
<head>    </head>
```

　　说明：一般将 head 称为头部标记符，或者首部标记符。该标记符中不包含 Web 的任何内容，只提供一些与 Web 页面有关的特定信息。例如，可以在头部标记符中定义样式表或插入脚本语言等。Head 标记符中也可以包含其他标记符，例如标题标记符 title、样式表标记符 style 和脚本标记语言 script 等。

3. title

　　语法：

```
<title>    </title>
```

　　说明：title 标记符是头部标记符中最常用、最基本的标记符之一，它用于设置网页的标题。标记符<title>和</title>之间的内容就是网页的标题。网页的标题一般显示在浏览器顶部的标题栏中，也可以被浏览器作为书签和收藏清单。例如，图 2-2 显示了标记符的作用，代码如下：

图　2-2

```
<html>
<head>
<title>这是网页的标题
</title>
</head>
<body> 测试网页标题标记 title 的示例。
</body>
</html>
```

4. body

　　语法：

```
<body>    </body>
```

说明：标记符<body>和</body>构成了网页的主体，网页的所有内容、文字、图形、链接，以及其他页面元素都包含在该标记符内。body 标记符中主要包含与页面整体效果有关的一些属性。如：background:定义网页的背景图案。bgcolor:定义网页的背景颜色，默认值是白色。Text：定义网页中文字的颜色，默认值是黑色。Link：定义网页中超链接的颜色，默认值是蓝色。Alink：定义网页中前被选中的超链接的颜色，默认值是红色。Vlink：定义网页中已经被访问的超链接的颜色，默认值是紫色。例如：

<BODY　BGCOLOR=#RRGGBB>：使用<BODY>标记中的 BGCOLOR 属性，可以设置网页的背景颜色。使用的格式有以下两种：

<BODY BGCOLOR=#RRGGBB>

<BODY BGCOLOR=颜色的英文名称>

在第一种格式中，RR、GG、BB 可以分别取值为 00～FF 的十六进制数。RR、GG、BB 分别用来表示颜色中的红色、绿色和蓝色成分的多少，数值越大，颜色越深。红、绿、蓝三色按一定比例混合，可以得到各种颜色。

例如，RR =FF，GG=FF，BB=00，表示为黄色。如果 RRGGBB 取值为 000000，则为黑色；RRGGBB 取值为 FFFFFF，则为白色；RRGGBB 取值为 FF8888， 则为浅红色。

第二种格式是直接使用颜色的英文名称来设定网页的背景颜色。例如：

<BODY BGCOLOR=blue>：用来设置网页的背景颜色为蓝色。

<BODY BGCOLOR=red>：用来设置网页的背景颜色为红色。

<BODY BGCOLOR=white>：用来设置网页的背景颜色为白色。

2.3　头部标记之间的主要标记

1．网页的跳转

在浏览网页时，经常会看到一些欢迎信息的界面，在经过一段时间后，这一页面会自动转到其他页面中，这就是网页的跳转。使用 HTML 代码就可以很轻松地实现这一功能。

语法：<meta http-equiv="refresh" content="跳转时间; url=链接地址" />

说明：在该语法中，refresh 表示网页的刷新，而在 content 中设定刷新的时间和刷新后的地址，时间和链接地址之间用分号相隔。默认情况下，跳转时间是以秒为单位的。

当链接地址为一个新的网页地址时，就会在设定的时间跳转到这个新的网址，其代码如下：

```
<html>
<head>
<title>网页的跳转</title>
<meta http-equiv="refresh" content="3; url=http://www.sohu.com" />
</head>
<body>
您好，本页在 3 秒之后将自动跳转到搜狐网站
</body>
</html>
```

运行程序，效果如图 2-3 所示。在 3 秒之后，网页自动跳转到了搜狐网站（图 2-4）。

图 2-3   图 2-4

2. 自动刷新页面

当上述语法中的链接地址被省略时，网页的功能就变成了刷新页面本身，这在不断更新数据的页面中常常会用到，刷新页面的代码如下：

```html
<html>
<head>
<title>自动刷新页面</title>
<meta http-equiv="refresh" content="60" />
</head>
<body>
您好，本页每隔1分钟自动刷新一次
</body>
</html>
```

运行页面的效果如图 2-5 所示。

2.4 主体标记之间的常用标记

2.4.1 文字与段落标记

1. 标题标记

<H1>   </H1>:正文的第一级标题标记。此外，还有第二、三、四、五、六级标题标记，分别为<H2></H2>、<H3>   </H3>、<H4>   </H4>、<H5></H5>、<H6>   </H6>。级别越高，文字越小。

图 2-5

六级标题的实例代码如下，它们在浏览器中的显示效果如图 2-6 所示。

```html
<html>
    <head>
        <title>标题标记</title>
    </head>
<body>
    <!--下面是标题标记对-->
```

```
    <h1>标题 h1</h1>
    <h2>标题 h2</h2>
    <h3>标题 h3</h3>
    <h4>标题 h4</h4>
    <h5>标题 h5</h5>
    <h6>标题 h6</h6>
</body>
</html>
```

图   2-6

Hn 可以有对齐属性，ALIGN=#，"#"表示 Left（标题居左）、Center（标题居中）和 Right（标题居右）。例如：

```
<h2 align=center>标题 2</h2>
```

2．段落标记

`<p>    </p>`：

说明：p 是英文单词"Paragraph"(段落)的缩写。<p>标记符用来划分段落，不同的段落之间会自动换行并有一定的间距。使用 p 标记符时，可以有多种属性，比较常用的是 Align=#，"#"，可以是 Left、Center 或 Right,其含义分别为：左对齐、居中或右对齐。

`<pre>    </pre>`

说明：pre 标记符是预格式化标记符。浏览器按照编辑文档时<pre>和</pre>标记符之间字符的位置，将内容毫无变动地显示出来。换句话说，在 html 文档中写的时候是什么样，在浏览器中显示的就是什么样。

3．换行符标记

 换行符标记，可插入一个简单的换行符。
 标签是空标签（意味着它没有结束标签，因此这是错误的：
</br>）。请注意，
 标签只是简单地开始新的一行，而当浏览器遇到 <p> 标签时，通常会在相邻的段落之间插入一些垂直的间距。

4．字体标记

<font>   </font>:字体标记，用于规定文本的字体、字体尺寸、字体颜色。属性有 face（字体）、size（大小）、color（颜色）。

（1）字体大小：HTML 文件可以有 7 种字号，1 号最小，7 号最大，默认字号为 3，可以用（FONT　SIZE=字号）设置默认字号。设置文本的字号有两种方法：一种设置绝对字号，（FONT SIZE=字号）；另一种是设置文本的相对字号，（FONT SIZE=±N）。使用第二种方法时，"+"号表示字体变大，"−"表示字体变小。

（2）字体颜色：字体的颜色用（FONT color=#）进行设置，#可以是 6 位十六制数，分别指定红、绿、蓝的值，也可以使用 16 种标准颜色。

例如，设置"字体大小和颜色"网页的代码如下：

```
<HTML>
<HEAD>
<TITLE>字体大小和颜色</TITLE>
</HEAD>
<BODY>
<FONT SIZE=5 COLOR=#FF0000>字体大小和颜色</FONT>字体大小和颜色<BR>
<FONT SIZE=2 COLOR=#0000FF>字体大小和颜色</FONT>字体大小和颜色<BR>
<BLINK>闪烁的文本</BLINK>
</BODY>
</HTML>
```

网页显示效果如图 2-7 所示。

5．字体风格

字体风格分为物理风格和逻辑风格两种。物理风格用来指定字体，主要有<B>黑体、<I>斜体、<U>下划线、<TT>打字机体等，逻辑风格主要有<EM>强调、<STRONG>特别强调等。如表 2-1 所示。"字体风格"网页设置代码如下，显示效果如图 2-8 所示。

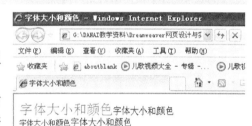

图　2-7

表 2-1　文本风格修饰标记

标　记	实　例	效　果
<b></b>	<b>粗体</b>	**粗体**
<i></i>	<i>斜体</i>	*斜体*
<u></u>	<u>下划线</u>	下划线
<s></s>	<s>删除线</s>	~~删除线~~
	上标²	上标 [2]
	下标₂	下标 [2]
<big></big>	<big>大字体</big>	大字体
<small></small>	<small>小字体</small>	小字体
<strong></strong>	<strong>突出显示（粗体）</strong>	**突出显示（粗体）**
<em></em>	<em>突出显示（斜体）</em>	*突出显示（斜体）*
<address></address>	<address>xyz@163.com</address>	xyz@163.com
<code></code>	<code>缩小字体 abc</code>	缩小字体

```
<html>
<head>
```

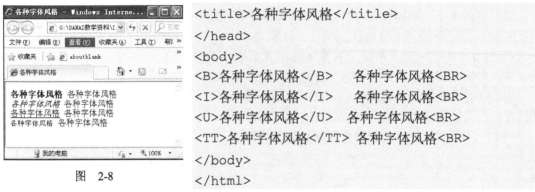

```
<title>各种字体风格</title>
</head>
<body>
<B>各种字体风格</B>      各种字体风格<BR>
<I>各种字体风格</I>      各种字体风格<BR>
<U>各种字体风格</U>      各种字体风格<BR>
<TT>各种字体风格</TT> 各种字体风格<BR>
</body>
</html>
```

图　2-8

6．添加注释

由于站点需要经常更新，而且制作时往往是几个人合作，所以创建的页面必须要易于维护，而添加注释是增强文件可读性的重要手段。HTML 中的注释是由开始标记符<!—和结束标记符-->组成的。这两个标记符中间的内容就是注释的内容，它们不会在浏览器中显示。该标记可以添加在 HTML 代码的任何位置。下面是一个使用注释的例子，源代码如下：

```
<html>
<head>
<title>添加注释，但注释不会被显示</title>
</head>
<body>
<!--注释：这是一次添加注释的测试，本内容将不会在页面中显示-->
愉快的网页学习
</body>
</html>
```

添加注释的网页显示效果如图 2-9 所示。

2.4.2　列表标记

列表分为项目列表和编号列表，在什么情况下用到这两个列表呢？读者在门户网站上浏览新闻时，在网站的新闻列表中，新闻标题前会出现一个小圆点，而有的是有序号的数字，前者表示的是项目列表，后者表示的是编号列表。学习列表的表示，通过代码可以表现出列表是编号列表还是项目列表。

图　2-9

1．项目列表

所谓项目列表是指在列表中没有顺序可言，表里的每项都是相同的。项目列表的语法分两部分，格式如下：

```
<!--下面一行表示项目列表-->
<ul>
    <li>表项一</li>
    <li>表项二</li>
    <li>表项三</li>
</ul>
```

分析上面代码，决定项目的是<ul>，而<li>只是里面的一列表项。如果想列出更多的表项，那么就在<ul></ul>里加表项<li></li>即可。

项目列表用法举例如下：

```
<html>
<head>
<title>项目列表</title>
</head>
<body>
<ul>
<li>HTML+CSS 完全自学手册
<li>HTML+CSS 完全自学手册
<li>HTML+CSS 完全自学手册
<li>HTML+CSS 完全自学手册
</ul>
</body>
</html>
```

在项目列表符中间加了 4 行带列表项的文字，默认状态下的项目列表显示的效果在文本前用圆点表示，即在每项前面显示一个小圆点。网页显示的效果如图 2-10 所示。

图　2-10

2．编号列表

与编号列表对应的是有序列表，表项里不用设置就可以自动按顺序排列，初学者乍一看很神奇，现在来揭开其神秘面纱。编号列表用<ol></ol>表示有顺序，里面表项符与项目列表一样的，只代表一个表项而已，在多个表项中，系统自动按顺序排列，语法代码如下：

```
<!--下面一行表示编号列表-->
<ol>
    <li>表项一</li>
    <li>表项二</li>
    <li>表项三</li>
</ol>
```

与项目列表相差只是在<ol>上。下面示例的内容与项目列表是一样的（表项都是一样），不同的是用<ol></ol>标记对取代了<ul></ul>标记对。

编号列表用法。

```
<html>
<head>
<title>编号列表</title>
</head>
<body>
<ol>
<li>HTML+CSS 完全自学手册</li>
<li>HTML+CSS 完全自学手册</li>
```

```
<li>HTML+CSS 完全自学手册</li>
<li>HTML+CSS 完全自学手册</li>
</ol>
</body>
</html>
```

图　2-11

与项目列表显示效果不同的是，编号列表在表项前用数字序号表示，如图 2-11 所示。

提示：项目列表是无序列表，编号列表则是有序列表。项目与编号只相差一个字母，但是有明显的不同。在编号列表或项目列表中还可以用其他编号或符号取代数字或圆点，"<ol type=#>?</ol>"中#可以有 A、a、I、i、1 等；<ul type=#>?</ul>中#可以有 circle（圆圈）square（正方形）disc（圆点）等。

2.4.3　图像标记

<IMG />：它是图像标记。用来加载图像与 GIF 动画。在网页中加载 GIF 动画的方法与加载图像的方法一样。GIF 动画文件的扩展名也是.gif，文件格式是 GIF89A 格式。制作 GIF 动画的软件有很多，例如 Fireworks 和 Ulead GIF Animator 5.0 等。

SRC：它是依附于其他标记的一个属性，依附于<IMG />标记时，用来导入图像与 GIF 动画。其格式如下：

```
<IMG SRC="图像文件的目录与文件名" />
```

提示：属性除了 src 外，还有 width（宽）、height（高）、alt（替代文本）等。

设置背景平铺图像：使用<BODY>标记中的 BACKGROUND 属性，可设置网页的平铺背景图像，其格式如下：

```
<BODY BACKGROUND="图像文件名或 URL">
```

2.4.4　超链接标记

1．在同一个网页中建立链接的 HTML 标记

在同一个网页文件中建立链接，需要做以下工作。

（1）在文件的前面需要列出链接的标题文字，它们相当于文章的目录。同时将这些文字与相应的锚记名称（即定位名）建立链接。所谓"锚记名称"是指网页中能被链接到的一个特定位置。建立链接时，要在锚记名称前加一个"#"符号，其格式如下：

```
<A HREF="#锚记名称">标题名字</A>
```

（2）为被链接的内容起一个名字，该名字叫锚记名称，锚记名称的定义要放在相应标题对应的内容前面。其格式如下。

```
<A NAME="锚记名称"></A>
```

2．建立电子邮件链接

如果将 HREF 属性值指定为"MAILTO:电子邮件地址"，就可以获得电子邮件链接的效果。例如，使用下面的 HTML 代码可以设置电子邮件的超链接。

```
<A HREF="MAILTO:shenda@yahoo.com">邮箱地址：shenda@yahoo.com </A>
```

当浏览网页的用户单击了指向电子邮件的超级链接后,系统将自动启动邮件客户程序(对于安装了 Windows 98/2000 以上操作系统的计算机,默认时启动 Outlook Express),并将指定的邮件地址填写到"收件人"栏中,用户可以编辑并发送该邮件。

如果是第一次启动 Outlook Express,会要求进行软件设置。

3. 链接到其他页面中的锚点

从一个文件链接到另外一个文件,与同一个文件中的链接的格式有所不同。那么,能不能使用一个命令,链接到其他文件的指定位置呢?

在网页中建立文字链接的 HTML 代码是:<A HREF="被链接的文件名或 URL"文字</A>。只要将"被链接的文件名或 URL"替换为"要链接的文件名或 URL 加#加锚记名称>"即可。例如,<A HREF="HTMLABC.htm#TT">天坛</A>标记,即可建立一个到 HTMLABC.htm 网页文档中的"天坛"锚点的链接。

2.4.5 表格标记

表格标记在网页中可以表现出 Word 中的表格效果,即在 Word 中要表现的表格效果可以在网页中显示,就需要 HTML 中的表格标记。表格标记不仅仅用于表现表格中的效果,还可以用表格来给网页布局,布局中的表格是不需要表格中的边框的,故需要对表格进行设置。

表格标记是 HTML 常用的标签,代表在网页中插入一张表格。表格标记是用 table 标签对表示的标签对,其语法形式如下:

```
<!--设置表格标记 -->
<table></table>
```

表格常常是有行和列的,那么,如何在表格内表示行和列呢?这又要另外的代码:<tr>标签对表示表行,每出现一个<tr></tr>代表表格的一行;<th>标签对表示表头,表头是在表格上显示下面列的;<td>标签对表示表元,表元就是在表格中显示的每一方格(即单元格)。下列代码说明表格的基本语法。

```
<html>
<head>
<title>表格的基本语法</title>
</head>
<body>
    <!--设置表格和边框-->
    <table border=1>
        <!--设置表格中的表头 -->
        <tr>
            <!--设置表格中的表项 -->
            <th>表头一</th>
            <th>表头二</th>
        </tr>
        <tr>
            <td>表元一</td>
            <td>表元二</td>
        </tr>
```

```
        </table>
</body>
</html>
```

图 2-12

上面代码在<table>标签对中包括两个行表示符：<tr>标签对，表示两行。在第一个行表示符中包括了表头符，在第二个行表示符中包括了表元表示符。为了显示表格效果，在表格属性中加入了 border 边框，效果如图 2-12 所示。

提示：在<table>中的<tr>、<th>、<td>是常用的，<th>可以省略，三者都在<table></table>中，不能交叉。它们各自的属性说明如表 2-2～表 2-4 所示。

表 2-2   表格<table>的属性

属　性	属 性 说 明	属　性	属 性 说 明
width	表格宽度，单位为%或象素	height	表格高度
border	表格边框线的粗细	cellspacing	表格间距
cellpadding	表格边距	bgcolor	表格背景颜色
align	表格的对齐方式：居中 center　左对齐 left　右对齐 right	bordercolor	表格边框线的颜色
background	表格背景图像		

表 2-3   行<tr>的属性

属　性	属 性 说 明	属　性	属 性 说 明
height	行高度	background	行背景图像
bordercolor	行边框颜色	align	行文字的水平对齐
valign	行文字的垂直对齐	bgcolor	行背景颜色

表 2-4   单元格<td>的属性

属　性	属 性 说 明	属　性	属 性 说 明
height	单元格高度	background	单元格背景图像
bordercolor	单元格边框颜色	align	单元格文字的水平对齐
valign	单元格文字的垂直对齐	bgcolor	单元格背景颜色
colspan	水平跨度（单元格跨越的列数）	width	单元格宽度
rowspan	垂直跨度（单元格跨越的行数）		

2.4.6　多媒体标记

1. 添加背景音乐

使用<BGSOUND>标记可以在网页中插入背景音乐。<BGSOUND>标记可以放在<HTML>与</HTML>标记内的任何地方。引导音乐文件的属性是 SRC，其格式如下：
<BGSOUND SRC ="文件目录与文件名或 URL">

2. 在网页中插入 Flash 动画及其他视频

在网页中直接包含多媒体对象最常用的标记是<EMBED>标记。

（1）<EMBED>标记：使用<EMBED>标记，不仅可以在网页中插入 Flash 动画，还可以使用下载并显示由插件支持的其他多媒体应用程序。使用<EMBED>标记可以在网页中插入

Flash 对象，同添加背景音乐的方法一样，<EMBED>标记可以放在<HTML>与</HTML>标记内的任何地方。引导 Flash 动画文件的属性是 SRC，格式如下：

<EMBED SRC ="文件目录与文件名或 URL">

当浏览器遇到<EMBED>标记时，会加载其中指定的文件并确定它的 MIME 类型。MIME 信息告知浏览器正在下载的文件类型，然后浏览器查找与该 MIME 类型一致的插件。如果有就使用；如果没有则会显示一条错误信息，并且提示用户下载该插件。

（2）<EMBED>标记还可以使网页中包含 JavaApple、视频和音频等多媒体及其他文件。当浏览器遇到<EMBED>标记时，会加载相应的文件，并根据该标记包含属性的值来显示它。<EMBED>标记的属性见表 2-5。

表 2-5　<EMBED>标记的属性

属　性	说　明	属　性	说　明
src	多媒体文件的地址	autostart	是否自动播放
width	播放器的宽度	hidden	是否隐藏播放器
height	播放器的高度	loop	是否循环
align	播放器的对齐方式		

3．滚动标记

<marquee>…</marquee>滚动标记又称为跑马灯标记。<marquee>标记的属性见表 2-6。

表 2-6　<marquee>标记的属性

属　性	说　明
direction	滚动方向(up、down、left、right)
behavior	滚动方式(alternate、scroll、slide)
scrollamount	滚动速度（即步长）
scrolldelay	滚动延迟
bgcolor	滚动背景色
width、height	滚动面积
hspace、vspace	水平边距、垂直边距
onMouseover="this.stop()"	鼠标经过时停止滚动
onMouseout="this.start()"	鼠标离开时继续滚动

2.5　项目实训

2.5.1　项目实训一：“第 1 个 HTML”网页

1．实训目的

通过本案例的学习，可以初步了解 HTML 语言，了解 HTML 语言中常用标记的书写格式和作用；掌握输入 HTML 代码、建立 HTML 文档和显示 HTML 网页的方法。

2．实训案例效果（图 2-13）

3．实训设计过程

（1）输入 HTML 代码。在 Windows 记事本或 Adobe Dreamweaver CS6 的代码视图中（如图 2-1 所

图　2-13

示）输入以下代码：

```
<HTML>
<HEAD>
    <TITLE>我的第 1 个 HTML 网页</TITLE>
</HEAD>
<BODY BGCOLOR=#EEff66>
<CENTER><H1>第 1 个 HTML 网页</H1></CENTER>
<IMG SRC="img/jsj1.GIF" >
<B>制作网页--HTML 语言简介</B>
<BR>
<PRE>
```

　　HTML 文件是标准的 ASCII 文件，它看起来像是加入了许多被称为链接签(tag)的特殊字符串的普遍文本文件。从结构上讲，HTML 文件由元素组成，组成 HTML 文件的元素有许多种，用于组织文件的内容和指导文件的输出格式。大多数元素是"容器"，即它们有起始标记和结尾标记。元素的起始标记叫做起始链接签(start tag)，元素的结束标记叫做结尾链接签(end tag)，在起始链接签和结尾链接签之间的部分是元素体。每一个元素都有名称和可选择的属性，元素的名称和属性都在起始链接签内标明。

```
</PRE>
</BODY>
</HTML>
```

　　（2）浏览网页。浏览网页有以下三种方法。

　　方法一：双击 HTML 文档图标，可以调出浏览窗口，同时打开该网页。

　　方法二：在 Adobe Dreamweaver CS6 的代码视图中，单击在 Ixplore 预览选项（快捷键 F12），即可浏览网页。

　　方法三：打开浏览器窗口，在菜单栏中单击"文件"→"打开"命令。单击"打开"对话框中的"浏览"按钮，弹出"Microsoft Internet Explorer"对话框，选择 HTML 文件，单击"打开"按钮，退出"Microsoft Internet Explorer"对话框。此时，在打开的下拉框内将出现选中的文件目录和名称，单击"确定"按钮，即可在浏览器中打开所选择的网页。

　　（3）修改和保存网页代码。在浏览器窗口中，单击"查看"→"源文件"命令，弹出 Windows 记事本窗口，并在该窗口中显示出该网页的 HTML 代码。

　　✐提示：也可以在 Adobe Dreamweaver CS6 的代码视图中修改网页代码。

　　修改完代码之后，在菜单栏中单击"文件"→"保存"命令，即可保存修改后的代码。在网页上单击鼠标右键，弹出快捷菜单，单击该菜单的"刷新"命令，即可看到修改后的网页。

2.5.2 项目实训二："中国诗词佳句-作者"网页

1. 实训目的

　　通过该案例的学习，可以进一步了解网页中其他一些文本标记，合理使用这些标记，可以使网页的显示效果更加出色，可以进一步掌握网页使用文本的方法。

2．实训案例效果（图 2-14）

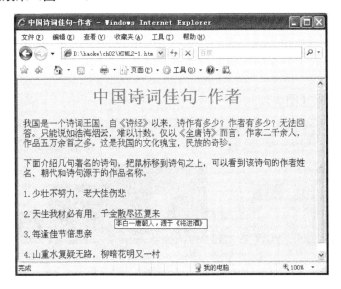

图　2-14

3．实训设计过程

在 Adobe Dreamweaver CS6 代码视图中，输入以下代码：

```
<HTML>
<HEAD>
<TITLE>中国诗词佳句-作者</TITLE>
</HEAD>
<BODY BGCOLOR="#FFFF00">
 <H1  ALIGN="CENTER"><FONT  COLOR="#FF0000">中国诗词佳句-作者
</FONT></H1>
 <P><FONT COLOR="#0000FF">我国是一个诗词王国，自《诗经》以来，诗作有多少？
作者有多少？无法回答。只能说如浩海烟云，难以计数。仅以《全唐诗》而言，作家二千余
人，作品五万余首之多。这是我国的文化瑰宝，民族的奇珍。</FONT></P>
 <!--下面是正文内容-->
 <P>下面介绍几句著名的诗句，把鼠标移到诗句之上，可以看到该诗句的作者姓名、朝代和
诗句源于的作品名称。</P>
 <P TITLE="赵壹—东汉人，源于《长歌行》">1.少壮不努力，老大徒伤悲</P>
 <P TITLE="李白—唐朝人，源于《将进酒》">2.天生我材必有用，千金散尽还复来</P>
 <P TITLE ="王维—唐朝人，源于《九月九日忆山东兄弟》">3.每逢佳节倍思亲</P>
 <P TITLE ="陆游—宋朝人，源于《游山西村》">4.山重水复疑无路，柳暗花明又一村
</P>
</BODY>
</HTML>
```

将该 HTML 文件保存在站点根文件夹的相应文件夹中。用浏览器打开该网页，即可看到
"中国诗词佳句-作者"网页的显示效果。

2.5.3　项目实训三："图像边框"网页

1．实训目的

通过该案例的学习，可以进一步了解网页中插入 GIF 动画和图像的方法，给图像和 GIF
动画添加边框的方法，背景平铺图像和给图像添加文字说明的方法，以及调整图像和文本相
对位置的方法。

2．实训案例效果（图 2-15）

图　2-15

3．实训设计过程

在 Adobe Dreamweaver CS6 代码视图中，输入以下代码：

```
<HTML>
<READ>
<TITLE>图像的大小和边框</TITLE>
</HEAD>
<BODY  BACKGROUND="img/BJT1.gif">
<IMG SRC="img/M3.gif" HEIGHT=120 WIDTH=120 BORDER=6>
<IMG SRC="img/M3.gif" HEIGHT=90 WIDTH=90 BORDER=4>
<IMG SRC="img/M3.gif" HEIGHT=50 WIDTH=50 BORDER=2>
<IMG SRC="img/M1.jpg" HEIGHT=120 WIDTH=120 BORDER=6>
<IMG SRC="img/M1.jpg" HEIGHT=90 WIDTH=90 BORDER=4>
<IMG SRC="img/M1.jpg" HEIGHT=50 WIDTH=50 BORDER=2 >
</BODY>
</HTML>
```

将该 HTML 文件保存在站点根文件夹的相应文件夹中。用浏览器打开该网页，即可看到
"图像边框"网页的显示效果。

2.5.4　项目实训四："链接技术演示"网页

1．实训目的

通过该案例的学习，可以掌握在网页中加入超文本链接的方法，创建图像或动画链接的
方法。

2．实训案例效果（图 2-16）

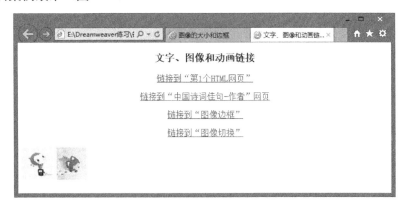

图　2-16

3．实训设计过程

在 Adobe Dreamweaver CS6 代码视图中，输入以下代码：

```
<HTML>
<HEAD>
<TITLE> 文字、图像和动画链接</TITLE>
</HEAD >
<BODY>
<H3 ALIGN=CENTER>文字、图像和动画链接</H3>
<P ALIGN="CENTER"><A HREF="HTML1.HTM">链接到"第 1 个 HTML 网页" </A></P>
<P ALIGN="CENTER"><A HREF="HTML2-1.HTM">链接到"中国诗词佳句-作者"网页
</A></P>
<P ALIGN="CENTER"><A HREF="HTML3-1.htm">链接到"图像边框" </A></P>
<P ALIGN="CENTER"><A HREF="HTML4-1.html">链接到"图像切换" </A></P>
<A HREF="HTML2-1.HTM"><IMG SRC="img/L2.JPG"></A>
<A HREF="HTML3-1.HTM"><IMG SRC="img/L3.GIF"></A>
</BODY>
</HTML>
```

将该 HTML 文件保存在站点根文件夹的相应
文件夹中。用浏览器打开该网页，即可看到"链接
技术演示"网页的显示效果。

2.5.5　项目实训五："最新消息公告"网页

1．实训目的

通过该案例的学习，掌握表格标记和滚动标记
的基本运用方法和技巧，学会制作公告牌、公告文
字向上滚动、当鼠标经过时停止滚动、当鼠标移开
时继续滚动的方法。

2．实训案例效果（图 2-17）

3．实训设计过程

在 Adobe Dreamweaver CS6 代码视图中，输入

图　2-17

以下代码：

```
<HTML>
<head>
<TITLE>最新消息公告</TITLE>
</head>
<table width="400" height="220" cellspacing="3" cellpadding="8"
bgcolor="#CCCCFF" align="center">
<tr>
<td height="36" bgcolor="#CCFFFF" align="center">
  <font style="font-size:16px" face="黑体"><b>最新消息公告</b></font>
<tr>
<td valign="top" bgcolor="#FFFFFF">
<marquee scrollamount=2 direction="up" id="gonggao" onMouseOver=
"gonggao.stop()" onMouseOut="gonggao.start()">
<font style="font-size:14px"><a href="#">1.Java 补考在 2012 年 4 月 7 日
上午 10:00 进行</a></font>
<P>
<font style="font-size:14px"><a href="#">2."网页制作"成绩已经在网上公
布</a></font>
<P>
<font style="font-size:14px"><a href="#">3."多媒体技术"课程于 2012 年 4
月 7 日上午 10:30 开始</a></font>
<P>
<font style="font-size:14px"><a href="#">4."网络技术最新动向"讲座在 2012
年 4 月 7 日上午 11:00 开始</a></font>
<P>
<font style="font-size:14px"><a href="#">5."VB 程序设计"备课会在 2012
年 4 月 7 日下午 2:00 开始</a></font><P>
<font style="font-size:14px"><a href="#">6.请教师将教学计划于 2012 年 4
月 7 日以前交教务处</a></font><P>
</marquee>
</table>
```

</HTML>将该 HTML 文件保存在站点根文件夹的相应文件夹中。用浏览器打开该网页，即可看到"最新消息公告"网页的显示效果。

2.5.6 项目实训六："图像切换"网页

1. 实训目的

通过该案例的学习，可以掌握在网页中插入 Flash 动画和其他视频、音频的方法。

2. 实训案例效果（图 2-18）

3. 实训设计过程

在 Adobe Dreamweaver CS6 代码视图中，输入以下代码：

```
<html>
<head>
<title>图像切换</title>
</head>
<body>
<h3 align=center>图像切换</h3>.
< embed src ="flash/图像切换.SWF" width="300" height="200"></embed>
<embed src="flash/图像切换.SWF" width="300" height="200"></embed>
</body>
</html>
```

图　2-18

　　将该 HTML 文件保存在站点根文件夹的相应文件夹中。用浏览器打开该网页，即可看到"图像切换"网页的显示效果。

第3章 图像效果应用

图像的格式种类繁多，但目前能在网页中显示的只有三种，分别为 GIF、JPEG 和 PNG 格式。其中，GIF 格式的图像通常用于网页中的小图标、Logo 图标和背景图像等， JPEG 格式的图像则多用于大幅的图像展示， PNG 格式的图像则能够很好地用于这两种情况。在制作网页时，在网页中除了插入文本内容外，插入一定的图像内容也是必不可少的。

3.1 图像效果实例——添加图像

在 Dreamweaver CS6 中，用户可以在网页中便捷地插入图像，并对插入的图像进行修改或其他编辑操作。通过在网页中添加图像，不但可以使网页的界面更加丰富，而且能够清晰、生动地表达主题信息，因此，掌握在网页中应用图像的方法很有必要。

3.1.1 插入图像

在网页中插入图像，不但能美化整个页而，还能比文本更加生动直观地展示效果，使网站设计者的意图能够一目了然。

本实例中插入图像和设置图像属性的操作，主要由"属性"面板来完成。通过本实例可以学习和掌握在 Dreamweaver 中应用图像的基本方法。本实例的编辑过程，主要包括以下操作环节。

（1）执行"插入"→"图像"命令，在文档中插入一个图像。

（2）选中插入的图像，然后打开"属性"面板，在面板中设置图像的尺寸和对齐方式等基本属性。

（3）执行"文件"→"保存"命令文件，然后按"F12"键，可以在浏览器中预览效果。

3.1.2 导入图像

（1）打开 DW 3/images/3.1.3 目录下的"start.html"文件，如图 3-1 所示。

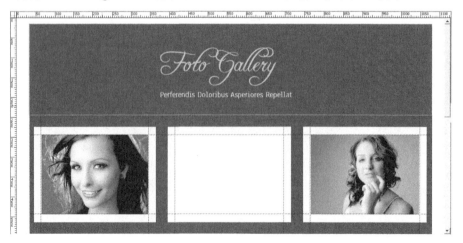

图 3-1

（2）将光标插入文档中间的空白单元格中，执行"插入记录"→"图像"命令，打开"选择图像源文件"对话框（图 3-2）。

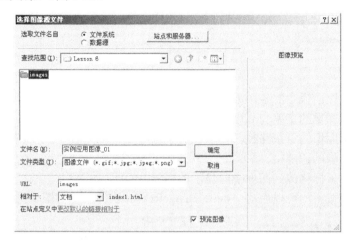

图　3-2

（3）在"选择图像源文件"对话框中选择要添加的图像文件（图 3-3），单击"确定"按钮。

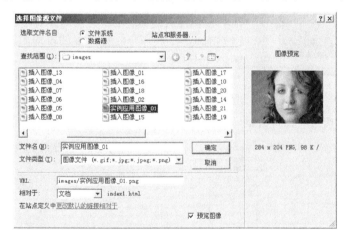

图　3-3

（4）在文档中插入光标的位置，可以看到刚插入的图像（图 3-4）。

图　3-4

（5）选中刚插入的图像，执行"窗口"→"属性"命令打开"属性"面板（图3-5）。

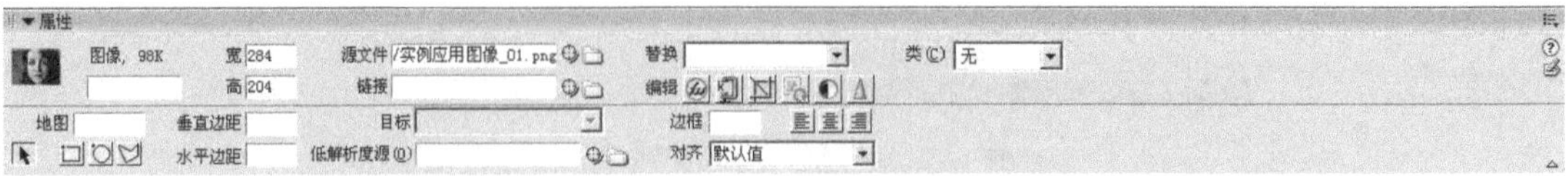

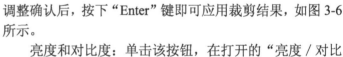

图 3-5

图像的"属性"面板中的各项参数功能介绍如下。

宽、高：设置图像的宽度与高度，以像素为单位。

源文件：显示图像的目录路径，可以在其中修改图像的路径来更换图像。

链接：设置图像的超链接。

替换：设置当鼠标移放到图像上时显示的提示文字。

编辑：单击该按钮，可以启动 Adobe ImageReady 软件，并对图像进行编辑（要先安装
Adobe ImageReady 软件）

使用 Adobe imageReady 最优化：单击该按钮，可
以开启 Adobe imageReady 的优化输出程序，对选取的图像
进行优化处理并保存。

裁剪过：单击该按钮，所选图形边缘将出现裁切框。
拖动裁切框的边缘，可以直接对图像进行显示范围的裁剪，
调整确认后，按下"Enter"键即可应用裁剪结果，如图3-6
所示。

亮度和对比度：单击该按钮，在打开的"亮度／对比
度"窗口中，可以对图像的亮度和对比度进行调整（图3-7）。

锐化：单击该按钮，在打开的"锐化"窗口中，对图像的锐化度进行调整（图3-8）。

图 3-6

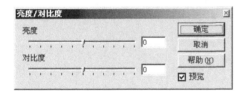

图 3-7

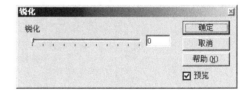

图 3-8

类：在该下拉列表中，可以为所选图形选择 CSS 样式表进行应用。

垂直边距：沿着图像上下边缘添加边距，单位为像素。

水平边距：沿着图像左右边缘添加边距，单位为像素。

低分辨率源：指定在加载目的图像前加载的图像，使网页中先加载显示出原本图像的大
致内容，让观众先对图像内容有个大致了解。这种图像大多使用黑白版本，通常在带宽不足
或网速较慢的情况下使用这个功能。

边框：输入数值，给图像加上一个边框，单位为像素。在默认情况下没有边框。

对齐：对齐图像和文字。

重设图像大小：单击该按钮，将图像大小还原为原始大小。只有在对图像进行了大小调
整后，这个按钮才会出现在"宽"和"高"的文本框右侧。

（6）在"属性"面板的"宽"文本框中输入"283"，"高"文本框中输入"203"，调整
图像的尺寸，如图3-9所示。

图　3-9

（7）在"替换"文本框中输入替换文本内容"点击查看更多内容"，在"链接"文本框中输入图像的链接地址，在"目标"下拉列表中选择"_blank"选项，如图 3-10 所示。

图　3-10

3.2　图像效果实例——插入图像占位符

在进行网页设计时，通常会遇到需要插入图像，但并不需要立即将图像插入到文档中的情况。这个时候可以先在需要插入图像的位置插入一个图像占位符，等完成布局后再将图像占位符用图像进行替换。

在本实例中添加图像占位符，主要通过设置"添加图像占位符"对话框来完成。通过本实例，可以学习和掌握在 Dreamweaver 中设置图像占位符和替换图像占位符的基本方法。本实例的编辑过程，主要包括以下操作环节。

（1）执行"插入"→"图像对象"→"图像占位符"命令，在文档中插入图像占位符。

（2）双击文档中的图像占位符，在打开的对话框中选择图像文件替换占位符。

（3）执行"文件"→"保存"命令保存文件，按下"F12"键在浏览器中预览效果。

插入图像占位符的操作步骤如下。

（1）在 Dreamweaver CS6 中，打开 DW 3/3.2.1 中 Dw 3\images\Lesson 7 小节目录下的 "start.html" 文件（图 3-11）。

图　3-11

（2）将光标插入到文档中要插入图像的位置，执行"插入记录"→"图像对象"→"图像占位符"命令，打开"图像占位符"对话框（图3-12）。

图 3-12

"图像占位符"对话框中各项参数的功能介绍如下。

名称：设置图像占位符的名称，并在占位符中显示出来。

宽度：设置图像占位符的宽度，单位为像素。
高度：设置图像占位符的高度，单位为像素。
颜色：为图像占位符设置颜色。

替换文本：设置图像占位符的替换文本。

（3）在弹出的"图像占位符"对话框中，在"名称"文本框中输入"PIC"，在"宽度"文本框中输入"283"，"高度"文本框中输入"203"（图3-13）。

（4）在"颜色"文本框中输入图像占位符的颜色值"＃EFEFF3"，在"替换"文本框中输入替换文本"图像内容"，然后单击"确定"按钮（图3-14）。

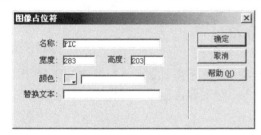

图 3-13   图 3-14

（5）在开始插入光标的位置，可以看到已经创建了一个图像占位符（图3-15）。

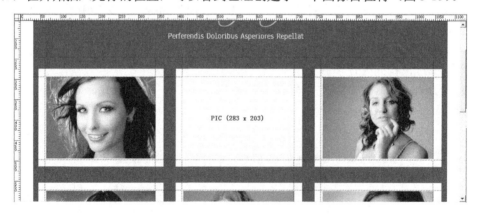

图 3-15

3.3 图像效果实例——替换图像占位符

图像占位符通常只在页面编辑时使用，当编辑完成后，就需要将图像占位符替换为图像，下面介绍其操作方法。

（1）选中文档中的图像占位符，在"属性"面板中单击"源文件"后面的"浏览文件"按钮，打开"选择图像源文件"对话框（图 3-16）。

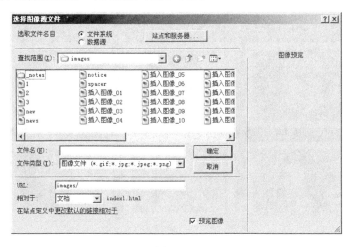

图　3-16

（2）在打开的"选择图像源文件"对话框中选中要替换的图像（图 3-17），单击"确定"按钮应用该图像后，文档中的图像占位符即可替换为选中的图像（图 3-18）。

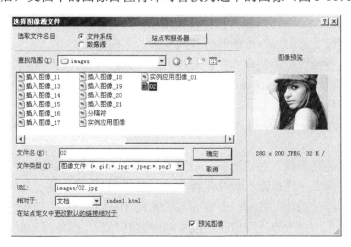

图　3-17

图　3-18

（3）执行"文件"→"保存"命令保存文件，按下"F12"键在浏览器中预览网页效果（图 3-19）。

图　3-19

3.4　图像效果实例——鼠标替换图像

在 Dreamweaver CS6 中可以制作鼠标替换图像，浏览器加载页面时显示初始图像，当鼠标指针移到初始图像上方时，该图像即会替换为另一张图像。

本实例中鼠标替换图像的制作，主要通过"插入鼠标经过图像"对话框来完成。通过本实例，可以学习和掌握在 Dreamweaver 中添加鼠标经过图像的基本方法。本实例的编辑过程，主要包括以下操作环节。

（1）执行"插入"→"图像对象"→"鼠标经过图像"命令，打开"插入鼠标经过图像"对话框。

（2）在"鼠标经过图像"对话框中，设置初始图像和替换图像的文件地址等。

（3）执行"文件"→"保存"命令保存文件，按"F12"键在浏览器中预览网页效果。

在制作"鼠标经过图像"之前，先要准备两张尺寸相同的图片：一张作为主图像在首次加载页面时显示；另一张作为次图像在经过鼠标经过时显示。准备好后就可以开始制作了，具体操作步骤如下。

（1）打开素材中 Dw 3\images\Lesson8 小节目录下的"start.html"文件（图 3-20）。

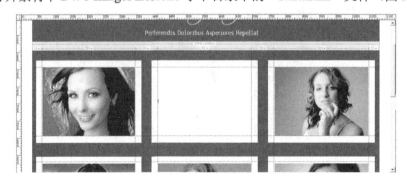

图　3-20

（2）将光标插入到需要插入"鼠标经过图像"的位置，执行"插入记录"→"图像对象"→"鼠标经过图像"命令，打开"插入鼠标经过图像"对话框（图 3-21）。

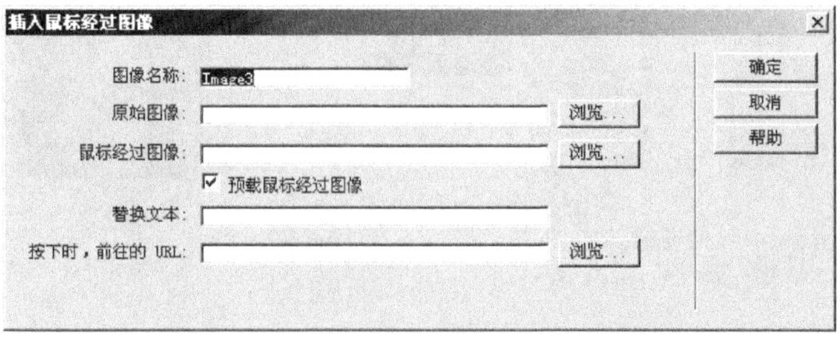

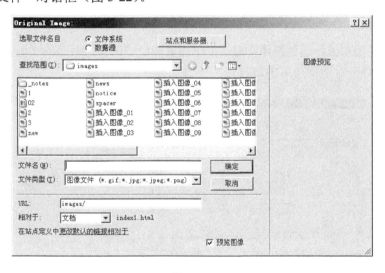

图 3-21

"插入鼠标替换图像"对话框中各项参数的功能介绍如下。

图像名称：鼠标经过图像的名称。

原始图像：使用浏览器打开网页时预载的图像。

鼠标经过图像：鼠标移到图像上方时显示的图像。

预载鼠标经过图像：在打开网页时，将鼠标经过图像载入缓存中。

替换文字：当图像无法显示时，则显示设置的文本内容。

按下时，前往的 URL：为鼠标经过图像设置超级链接，当鼠标在图像上按下后即可打开新网页。

（3）在"插入鼠标经过图像"对话框中，单击"原始图像"后面的"浏览"按钮，打开"选择图像源文件"对话框（图 3-22）。

图 3-22

（4）在"选择图像源文件"对话框中，选择要设置为原始图像的图像文件，然后单击"确定"按钮（图 3-23）。

（5）回到"插入鼠标经过图像"对话框中，可以看到在"原始图像"文本框中已经添加了一个图像地址（图 3-24）。

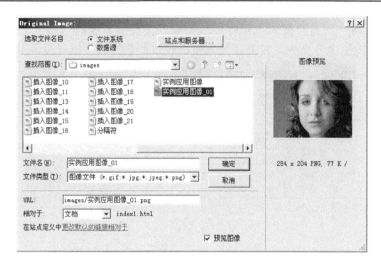

图 3-23

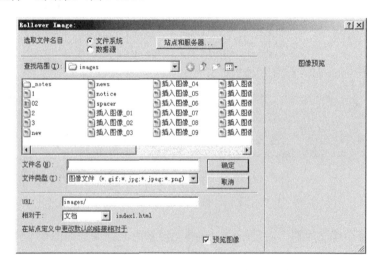

图 3-24

（6）单击"插入鼠标经过图像"对话框中"鼠标经过图像"后面的"浏览"按钮，打开"选择图像源文件"对话框（图 3-25）。

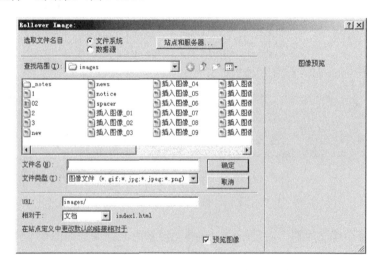

图 3-25

（7）在打开的"选择图像源文件"对话框中，选择要设置为鼠标经过图像的图像文件，然后单击"确定"按钮（图 3-26）。

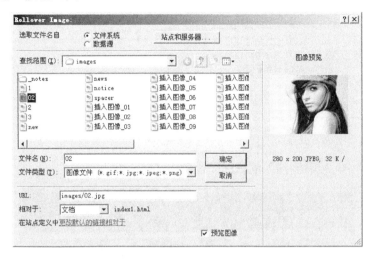

图　3-26

（8）回到"插入鼠标经过图像"对话框中，可以看到"鼠标经过图像"文本框中也添加了一个图像文件的地址（图 3-27）。

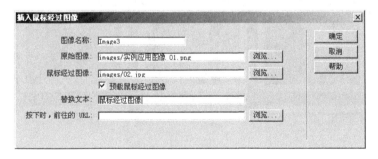

图　3-27

（9）在"替换文本"对话框中，输入文本内容"鼠标经过图像"，当图像不能显示时便会显示出该段文本内容（图 3-28）。

图　3-28

（10）在"按下时，前往 URL"文本框中输入链接地址，然后单击"确定"按钮，完成"插入鼠标经过图像"对话框的设置（图 3-29）。

图　3-29

（11）在文档中可以看到插入的鼠标经过图像（图 3-30）。

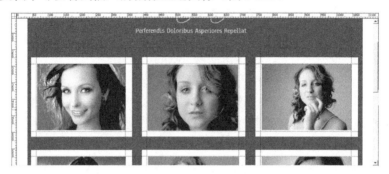

图　3-30

（12）执行"文件"→"保存"命令保存文档，然后按下"F12"键在浏览器中预览效果（图 3-31）。

图　3-31

3.5　图像效果实例——创建导航条

在 Dreamweaver CS6 中，提供了快速制作导航条的功能。导航条中的按钮，包含 4 个不同显示状态的图像："一般状态图像""鼠标经过图像""按下图像"和"按下鼠标时经过图像"。一般情况下，只需要设置一般状态图像与鼠标经过图像就可以了。

本实例中导航条的制作，主要由"插入导航条"对话框来完成。通过本实例，学习和掌握在 Dreamweaver 中添加导航条的基本方法。本实例的编辑过程，主要包括以下操作环节。

（1）准备好导航条中要使用的图像，包括"一般状态""鼠标经过""按下"和"按下鼠标时经过"这 4 个状态时的图像。

（2）执行"插入记录"→"图像对象"→"导航条"命令，打开"插入导航条"对话框。

（3）在"插入导航条"对话框中，设置"一般状态""鼠标经过""按下"和"按下鼠标时经过"这 4 个状态的图像存放地址，然后为其设置超级链接。

（4）执行"文件"→"保存"命令保存文件，按下"F12"键在浏览器中预览效果。

当鼠标指针指向导航条上的导航按钮时，按钮的图像会产生变化；当鼠标移开后，图像又恢复到初始状态；当单击导航条上的按钮，会跳转到另一个页面。下面就一起来对网页导航条的插入编辑进行实践练习。

3.5.1　设置导航条项目

（1）打开光盘中 Chapter 3\Lesson 9 小节目录下的"start.html"文件（图 3-32）。

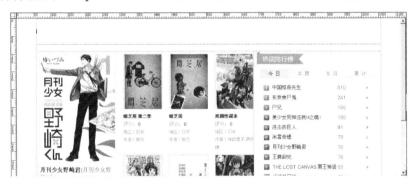

图　3-32

（2）将光标插入到文档 Logo 图像右边的单元格中，执行"插入记录"→"图像对象"→"导条"命令，打开"插入导航条"对话框（图 3-33）。

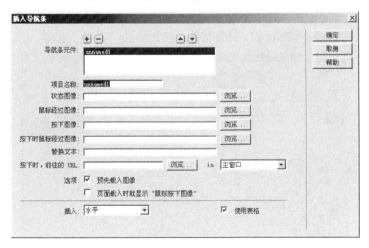

图　3-33

"插入导航条"对话框中各项参数的功能介绍如下。

导航条元件：在列表框中显示添加的导航条元件。选中列表框中的元件，即可在正文的选项中进行设置。

项目名称：为导航条元件设置名称。

状态图像：浏览器默认显示的图像。

鼠标经过图像：当鼠标移动到图像上方时显示的图像。

按下图像：当按下鼠标左键单击图像时显示的图像。

按下鼠标时经过图像：当按下鼠标后，经过图像时显示的图像。

替换文本：当图像无法正常显示时，在浏览器中显示的图像。

按下时，前往的 URL：设置该导航条元件的超级链接。

in：在其下拉列表中选择链接网页在浏览器中的打开方式。

3.5.2　添加导航条项目

在"插入导航条"对话框中，完成一个导航条元件的设置后，还需要添加新的导航条元件项目，以满足导航条在网页设计中的需要。

（1）单击"插入导航条"对话框中的"添加项"按钮，在"导航条元件"列表框中新添加一个项目（图 3-34）。

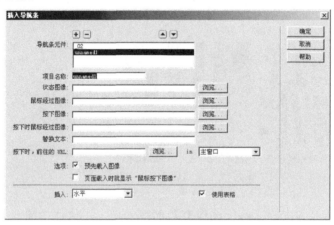

图　3-34

（2）重复开始时的操作，单击"状态图像"后面的"浏览"按钮，在打开的"选择图像源文件"对话框中，选择"22.png"图像文件，然后单击"确定"按钮（图 3-35）。

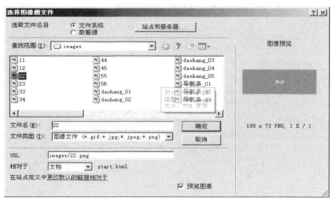

图　3-35

（3）单击"鼠标经过图像"后面的"浏览"按钮，在打开的"选择图像源文件"对话框中，选择"23.png"图像文件，然后单击"确定"按钮（图 3-36）。

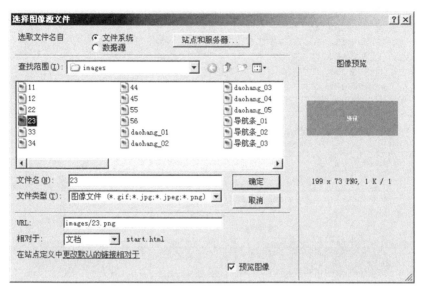

图　3-36

（4）在"插入导航条"对话框的"按下时，前往的 URL"文本框中输入链接地址，在"in"下拉列表中选择"主窗口"选项（图 3-37）。

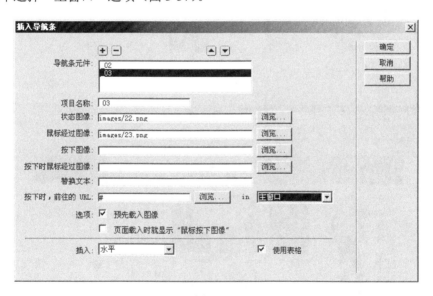

图　3-37

（5）重复前面的操作，添加新项目并进行各种图像的设置，直到所有的项目添加完成，然后单击"确定"按钮（图 3-38）。

（6）在文档中插入光标的位置，可以看到新创建的导航条（图 3-39）。

（7）执行"文件"→"保存"命令保存文件，按下"F12"键在浏览器中预览效果（图 3-40）。

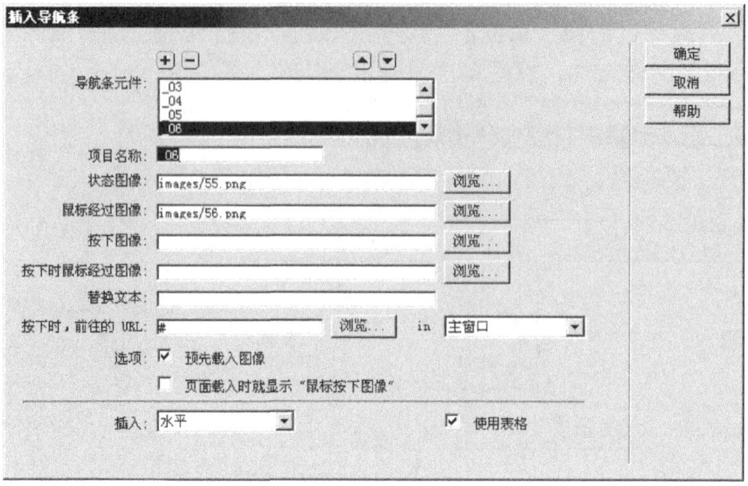

图 3-38

图 3-39

图 3-40

第4章 表格的应用

4.1 创建表格

表格是网页布局设计的常用工具，其在网页中的应用已经突破了传统的用来记载大量数据的功能，它可以使插入页面中的图像和文本等对象被限定在某一固定位置。相对于没有使用表格的页面，使用表格的页面显得更加整齐有序。合理使用布局表格，会使网页对象被组织得更加紧密，使整个页面看起来更加紧凑，如图 4-1 所示的页面就是使用表格将大量的网页元素对象定位在网页特定的位置上。

图 4-1

在设计网页时，可以直接绘制表格，也可以导入表格数据，并将其转化为表格。

表格是网页中对文本和图像布局的强有力的工具。一个表格通常由行、列和单元格组成，每行由一个或多个单元格组成。表格中的横向称为行，纵向称为列，一行与一列相交所产生的区域则称为单元格。要将相关数据有序地组织在一起，必须先插入表格，然后才能有效组织数据。

4.1.1 设置页面属性

绘制表格的具体操作步骤如下。

（1）启动 Adobe Dreamweaver CS6，新建一个空白文档。选择"修改/页面属性"菜单命令，弹出"页面属性"面板，在左侧"分类"选项列表框中选择"外观"选项，将"大小"选项设为 13，"左边距""右边距""上边距""下边距"选项均设为 0，如图 4-2 所示。

图 4-2

（2）在左侧"分类"选项列表框中，选择"跟踪图像"选项，单击"跟踪图像"选项文本框右侧的"浏览"按钮，弹出"选择图像源文件"对话框，选择 DW04/images/index.jpg，如图 4-3 所示，单击"确定"按钮，将"透明度"选项设为 70%，如图 4-4 所示，单击"确定"按钮，效果如图 4-5 所示。

图　4-3

图　4-4

（3）在"插入/常用"面板中单击"表格"按钮，在弹出的"表格"对话框中进行设置，如图 4-6 所示，单击"确定"按钮，效果如图 4-7 所示。

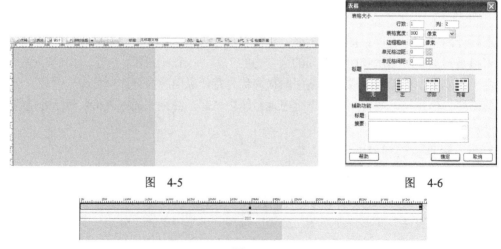

图　4-5　　　　　　　　　　　　　　　　　　图　4-6

图　4-7

"表格"对话框中各选项的含义如下。

行数：确定表格行的数目。

列数：确定表格列的数目。

表格宽度：以像素为单位或按浏览器窗口宽度的百分比指定表格的宽度。

边框粗细：指定表格边框的宽度（以像素为单位）。

单元格边距：确定单元格框与单元格内容之间的像素值。

单元格间距：确定相邻的表格单元格之间的像素。

如果没有明确指定边框粗细、单元格间距和单元格边距的值，则大多数浏览器将默认边框粗细和单元格边距的值为 1，若要确保浏览器显示的表格没有边距或间距，则将"单元格间距"和"单元格边距"都设置为 0。

无：对表格不启用列或行标题。

左：将表格的第一列作为标题列，以便在表格中的每一行输入一个标题。

顶部：将表格的第一行作为标题行，以便在表格中的每一列输入一个标题。

两者：在表格中输入列标题和行标题。

标题：显示在表格外的表格标题，它可以方便使用屏幕阅读器的 Web 站点访问者，屏幕阅读器读取表格标题，并且帮助 Web 站点访问者跟踪表格信息。

摘要：表格的说明。屏幕阅读器可以读取摘要文本，但是该文本不会显示在用户的浏览器中。

4.1.2　设置表格属性

在绘制表格或者导入表格数据后，根据需要可能要对表格属性项进行修改设置，才能达到设计的要求。下面介绍表格属性的设置方法。

1．选择整个表格

（1）将鼠标指针移动到表格的上方，当鼠标指针的形状变为表格形状时，单击鼠标左键即可选中整个表格，如图 4-8 所示。

（2）将鼠标指针移动到表格的格线处，当鼠标指针的形状变为上下方向的箭头时，单击鼠标左键即可选中整个表格，如图 4-9 所示。

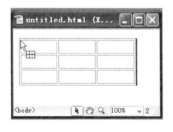

图　4-8　　　　　　　　　　　　　图　4-9

（3）将光标置于表格中，单击窗口左下角的 table 标记即可选中整个表格。

（4）将光标置于表格中，在菜单栏中选择"修改"→"表格"→"选择表格"菜单命令，即可选中整个表格。

（5）将光标置于表格之外，按住"Shift"键，然后在表格中的任意处单击鼠标左键即可选择整个表格。

选中表格后，表格的外框变成粗黑色，并在右方、下方和右下方各会显示一个黑色控制点，"属性"面板也会变为表格"属性"面板，在其中可以设置表格的属性。

2．选择单元格

选择单元格既可以选择单个单元格，也可以选择一整行或者一整列，还可以选择不连续的多个单元格。

选择单个单元格，直接单击要选择的单元格即可。选择行（或列），可按如下几种操作方法进行。

（1）将鼠标指针置于所要选择的行的左方（或列的上方），待鼠标指针形状变为向右（或向下）的箭头时，单击鼠标左键，则可以选中该行（或该列）；将鼠标指针置于所要选择的行的左方（或列的上方），待鼠标指针形状变为向右（或向下）的箭头时，拖拽鼠标可以选中连续的多行（或多列）。

（2）将鼠标置于待选择的单元格中，然后按住鼠标左键不放并拖动鼠标，横向拖动可以选择一行，纵向拖动可以选择一列，如果向对角线方向拖动，行和列可以同时选择。

（3）通过与"Ctrl"键的结合使用，可以选择多个不连续单元格。按住"Ctrl"键，然后单击需要选择的单元格，即可选中该单元格。如果想取消选择某单元格，只需在按住"Ctrl"键的同时，再次单击该单元格即可。

3．调整表格大小

插入表格以后，有时还需要对表格的大小进行调整，下面介绍设置表格大小的方法。

（1）相对大小和绝对大小。在设置表格大小时，有两种方式可以选择：一种是通过占版面的百分比来控制表格的大小；另一种是通过实际像素值来控制表格的大小。表格大小有相对和绝对之分，通过百分比方式表示的表格大小是相对大小，通过像素方式表示的表格大小是绝对大小。

如果通过百分比方式设置表格的大小，则在改变版面大小后，表格大小也跟着调整。若将表格的宽和高设置为100%，则无论版面窗口多大，表格都将充满整个窗口。

如果通过像素设置表格大小，则在改变版面尺寸后，表格大小不会跟着调整。当版面变大时，表格相对于版面来说似乎变小了，但表格的实际大小不变。

（2）改变表格大小。改变表格大小，可以通过拖拽鼠标的方式实现，也可以通过属性面板实现。

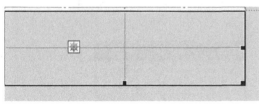

图　4-10

选中表格后，其右方、下方和右下方各会显示一个黑色控制点，按住鼠标左键不放，拖动右方和下方的黑色控制点，可以改变表格的宽和高；拖动右下方的控制点，可以同时改变表格的宽和高。如图 4-10 所示是通过拖动右下方的控制点，同时改变表格的宽和高。

在表格属性面板上的宽和高文本框中直接输入相关数值，即可重新设置表格大小。

（3）相对大小、绝对大小之间的转换。对于设置好的表格，在不改变大小的前提下，在百分比和像素两种方式之间可以互相转换。其方法如下。

选中要转换表示方式的表格。在属性面板上有四个方式转换按钮，可以将表格宽度或高度的表示方式由百分比方式转换为像素方式，或者由像素方式转换为百分比方式。

 将表格宽度表示方式转化为像素表示方式； 将表格宽度表示方式转换为百分比表示方式。

（4）清除行高和列宽。表格属性面板上的"清除行高"和"清除列宽"两项用于清除行高和列宽。单击 或 按钮，也可以将表格中行或列多余的部分删除，清除行高和列宽前后的效果如图 4-11 和图 4-12 所示。

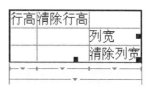

图　4-11　　　　　　　　　　　　图　4-12

（5）设置填充和间距。选中表格后，表格"属性"面板上的"填充"用于设置插入单元格中的对象到单元格边框之间的距离（即单元格边距）；"间距"用于设置单元格边框之间的距离（即单元格间距），如图 4-13 所示是"填充"值设置为"15"，"间距"设置为"10"后的效果。

4．设置表格对齐方式

与单元格对齐不同，表格对齐是将表格作为一个对象在网页中控制其位置，而单元格对齐是单元格内的元素对象相对于单元格的对齐方式。

图　4-13

表格有三种对齐方式，即左对齐、右对齐、居中对齐，默认情况下是左对齐。表格对齐的方法是：选中表格后，在表格属性面板的"对齐"下拉框中，选择其中一种对齐方式。

提示：一般情况下建议选择居中对齐，这是因为在不同的显示器分辨率下，看到左对齐和右对齐的效果是不同的。

在"属性"面板"对齐"选项下拉列表中选择"居中对齐"。将光标放到表格的边线上，出现双向箭头图标，按住鼠标左键不放将其向左拖拽，松开鼠标左键，效果如图 4-14 所示。

图　4-14

将光标置入到第 1 列单元格中，在"插入/常用"面板中单击"表格"按钮，在弹出的"表格"对话框中进行设置，如图 4-15 所示，单击"确定"按钮，效果如图 4-16 所示。

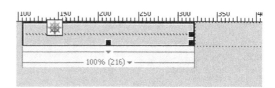

图　4-15　　　　　　　　　　　　图　4-16

5. 设置表格边框

表格中的一些效果是通过设置表格边框的属性来实现的，我们可以设置表格边框的粗细和颜色。

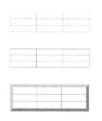

（1）边框的粗细。如果没有明确指定边框的值，则大多数浏览器默认边框值为1。通过改变"属性"面板上该文本框中的数值，可以调整表格边框的粗细。如图4-17所示是表格的边框设置为"0""1"和"10"的效果。

在很多情况下，表格的边框值设置为"0"，相当于布局网页的辅助工具只有在编辑时可以看到，在编辑区查看单元格和表格边框，在菜单栏中依次单击"查看""可视化助理""表格边框"选项即可。

提示：在文档工具栏中依次单击 🔳 （可视化助理按钮）和"表格边框"也可以查看单元格和表格边框的虚线框。

图 4-17

（2）边框的颜色。表格的边框颜色默认情况下是灰色的，通过"CSS样式"面板或HTML代码，可以为表格的边框选择其他的颜色。为表格边框设置颜色的操作方法如下。

① 选中要改变边框颜色的表格。

② 切换到"代码"视图或"拆分"视图，在对应的表格代码的"<table"后按空格键，然后输入"bordercolor="，将弹出一个颜色选择面板，如图4-18和图4-19所示。

（3）在弹出的调色板中选择一种颜色。

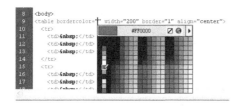

图 4-18

图 4-19

4.1.3 插入图像

（1）将光标置入到第1行单元格中，在"插入/常用"面板中单击"图像"按钮，在弹出的"图像"对话框中，选择 Dw04/4.1.3 images/ing_01.jpg，如图4-20所示，单击"确定"按钮，效果如图4-21所示。

图 4-20

图 4-21

（2）将光标置入到第 2 行单元格中，在"插入/常用"面板中单击"表格"按钮，在弹出的"表格"对话框中进行设置，如图 4-22 所示，单击"确定"按钮，效果如图 4-23 所示。

图　4-22　　　　　　　　　　　　　　　　　图　4-23

（3）将光标置入到第 1 列单元格中，在"属性"面板"宽"选项文本框中输入"87"，如图 4-24 所示。

（4）在"插入/常用"面板中单击"图像"按钮，在弹出的"表格"对话框中进行设置，单击"确定"按钮，效果如图 4-25 所示。

（5）用相同的方法分别将图片"ing_07.jpg""ing_08.jpg""ing_09.jpg"插入到其他单元格中，效果如图 4-26 所示。

图　4-24　　　　　　　　　图　4-25　　　　　　　　　图　4-26

4.1.4　插入表格并设置背景图像

（1）将光标置入到右侧单元格中，在"插入/常用"面板中单击"表格"按钮，在弹出的"表格"对话框中进行设置，如图 4-27 所示，单击"确定"按钮，效果如图 4-28 所示。

图　4-27　　　　　　　　　　　　　　　　　图　4-28

（2）将光标置入到第 1 行第 1 列单元格中，在"属性"面板中单击"背景"选项右侧的"浏览文件"按钮，弹出"选择图像源文件"对话框，在目录中选择 Dw/4.1.3 images/ing_02.jpg，单击"确定"按钮，为单元格添加背景图像，效果如图 4-29 所示。

图 4-29

（3）在"属性"面板"宽"选项和"高"选项文本框中，分别输入"473""61"，如图 4-30 所示。

（4）将光标置入到第 2 行第 1 列单元格中，在"插入/常用"面板中单击"图像"按钮，在弹出的"选择图像源文件"对话框中，选择 Dw04/4.1.3 images/ing_04.jpg，单击"确定"按钮，效果如图 4-31 所示。

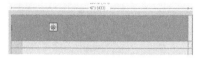

图 4-30

（5）将光标置入到第 3 行第 1 列单元格中，将"属性"面板中的"高"选项设置为 312，"背景颜色"选项设为白色，如图 4-32 所示。

图 4-31

图 4-32

（6）将光标置入到第 4 行第 1 列单元格中，在"属性"面板的"高"选项文本框中输入"41"，"背景颜色"选项设为灰色（#cccccc）。

（7）将表格的第 2 列单元格全部选中，在"属性"面板中单击"合并单元格"按钮，将光标置入到单元格中，在"属性"面板"宽"选项文本框中输入"19"。

（8）在"插入/常用"面板中单击"图像"按钮，在"选择图像源文件"对话框中选择 Dw/4.1.3 images/ing_03.jpg，单击"确定"按钮。

（9）将光标置入到第 1 行第 1 列单元格中，在"插入/常用"面板中单击"表格"按钮，在弹出的"表格"对话框中进行设置，单击"确定"按钮，效果如图 4-33 所示。

（10）选中单元格，在"属性"面板中选择"水平"选项下拉列表中的"居中对齐"，再选择"垂直"选项下拉列表中的"居中"，分别在单元格中输入白色文字，效果如图 4-34 所示。

图 4-33

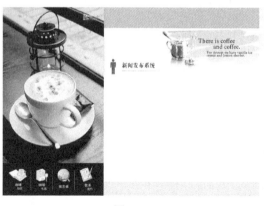

图 4-34

4.1.5　网页中的数据表格

有时需要将 Word 文档中的内容或 Excel 文档中的表格数据导入到网页中进行发布，或将网页中的表格数据导出到 Word 文档或 Excel 文档中进行编辑，Dreamweaver CS6 提供了实现这种操作的功能。

1．导入表格数据

（1）选择"文件/打开"菜单命令，在弹出的菜单中选择"Dw04/4.1.5images/index.html"文件，如图 4-35 所示。

（2）将光标放置在要导入表格数据的位置，如图 4-36 所示，选择"插入记录/表格对象/导入表格式数据"菜单命令，弹出对话框，在对话框中单击"数据文件"选项右侧的"浏览"按钮，弹出"打开"对话框，选择 Dw04/4.1.5 images/jianjie.txt，如图 4-37 所示。

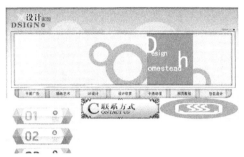

图　4-35

图　4-36

图　4-37

（3）单击"打开"按钮，返回到对话框中，在"定界符"选项的下拉列表中选择"逗点"，如图 4-38 所示，单击"确定"按钮，导入表格式数据，如图 4-39 所示。

图　4-38

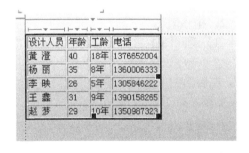

图　4-39

（4）保持表格的选取状态，在"属性"面板中，将"宽"选项设为"460"，"背景颜色"选项设为浅粉色（#F3F3F3），"填充""间距"和"边框"选项均设为"0"，效果如图 4-40 所示。

（5）将光标置入到第 1 行第 1 列中，按住"SHIFT"键的同时，单击表格的第 6 行第 4 列，将表格的单元格全部选中，在"属性"面板中将"水平"选项设为"居中对齐"，"垂直"选项设为"居中"，"高"选项设为"25"，如图 4-41 所示，表格效果如图 4-42 所示。

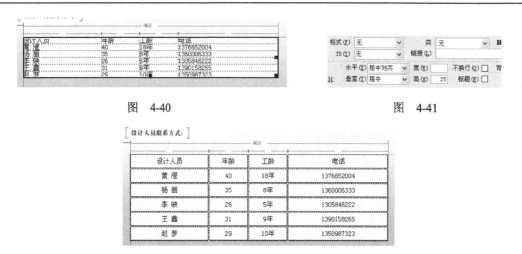

图　4-40　　　　　　　　　　　　　　　　　　　图　4-41

图　4-42

（6）将导入表格的第 2 行单元格全部选中，在"属性"面板中，将"背景颜色"选项设为浅黄色（#F4DAAAA），用相同的方法，将其他单元格设置相同的背景颜色，效果如图 4-43 所示。

（7）保存文档，按"F12"键预览效果，如图 4-44 所示。

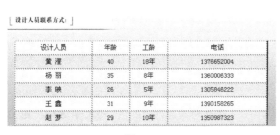

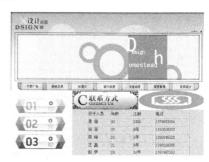

图　4-43　　　　　　　　　　　　　　　　图　4-44

2．排序表格

（1）返回图 4-44，选中表格，选择"命令/排序表格"菜单命令，弹出"排序表格"对话框，在"排序表格"选项的下拉列表中，选择"列 2"，"顺序"下拉列表中选择"按字母顺序"，在后面的下拉列表中选择"降序"，如图 4-45 所示，单击"确定"按钮，表格进行排序，效果如图 4-46 所示。

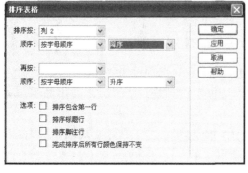

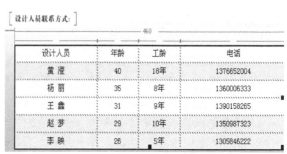

图　4-45　　　　　　　　　　　　　　　图　4-46

（2）保存文档，按"F12"键预览效果，如图 4-47
所示。

4.2　项目实训

4.2.1　项目实训一：立体效果表格

1．实训目的

立体效果表格的制作，主要通过"标签编辑器"
对话框完成。通过该网页的制作，可以学习和掌握在
Adobe Dreamweaver CS6 中，通过设置"标签编辑器"
对话框，改变表格外观的基本方法。

2．实训案例效果

实训案例效果如图 4-48 所示。

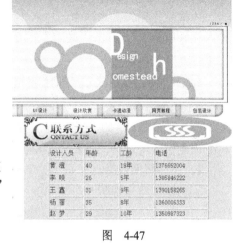

图　4-47

3．实训设计过程

（1）选择"文件"打开 Dw04/images/start.html 文件，选中文档中的数据表格，执行"窗
口"→"属性"命令，打开"属性"面板，在面板中设置表格的"填充"为"3"，"间距"为
"0"，"边框"为"1"。效果如图 4-49 所示。

| 图　4-48 | 图　4-49 |

（2）选中表格中的所有单元格，在"属性"面板中设置单元格的背景颜色为"#7EC3BF"，
效果图 4-50 所示。

（3）选中整个数据表格，然后执行"修改"→"编辑标签"命令，打开"标签编辑器 table"
对话框，如图 4-51 所示。

| 图　4-50 | 图　4-51 |

（4）在该对话框左边的列表中选择"浏览器特定的"选项，进入其设置界面。在对话框的"边框颜色亮"文本框中，输入十六进制颜色值"#000000"，在"边框颜色暗"文本框中输入"#FFFFFF"，单击"确定"。

（5）保存文档，按"F12"键预览效果，如图 4-48 所示。

4.2.2　项目实训二："圆角表格美化"网页

1．实训目的

通过该网页的制作，可以学习和掌握在 Adobe Dreamweaver CS6 中，通过"表格"按钮和图片制作圆角表格，以及合并单元格的基本方法。

2．实训案例效果

实训案例效果如图 4-52 所示。

图　4-52

3．实训设计过程

（1）选择"文件"打开 Dw/4.2.2 images/index1.html 文件，将光标置入到单元格中，如图 4-53 所示，在"插入/常用"面板中单击"表格"按钮，在弹出的"表格"对话框中进行设置。单击"确定"按钮，在"属性"面板中，将"背景颜色"选项设为浅褐色（#C6BAB5），效果如图 4-54 所示。

图　4-53   图　4-54

（2）将光标置入到第 1 行第 1 列中，在"插入/常用"面板中单击"图像"按钮，在"选择图像源文件"对话框中选择 Dw04/4.2.2 images/a_06.jpg，单击"确定"按钮，效果如图 4-55 所示。

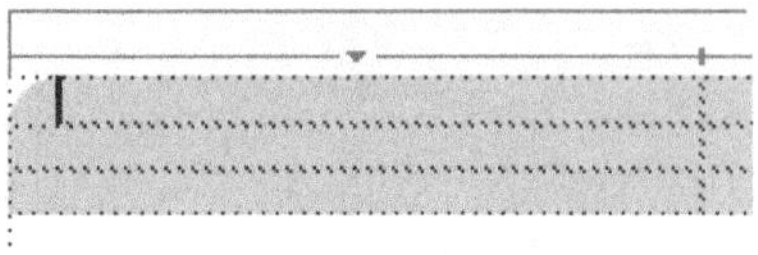

（3）将光标置入到第 1 行第 1 列中，在"属性"面板中将"水平"选项设为"左对齐"，"垂直"选项设为"顶端"，用相同的方法，将第 1 行第 3 列"水平"选项设为"右对齐"，"垂直"选项设为"顶端"，第 3 行第 1 列"水平"选项设为"左对齐"，"垂直"

图　4-55

选项设为"底部"，第 3 行第 3 列"水平"选项设为"右对齐"，"垂直"选项设为"底部"。

（4）分别将"a_08.jpg"插入到第 1 行第 3 列中，"a_12.jpg"插入到第 3 行第 1 列中，"a_14.jpg"插入到第 3 行第 3 列中，效果如图 4-56 所示。

图　4-56

（5）将第 2 行的单元格全部选中，单击"属性"面板中的"合并单元"按钮，将选中的单元格合并。

（6）在"插入/常用"面板中单击"表格"按钮，在弹出的"表格"对话框中进行设置，如图 4-57 所示。单击"确定"按钮，在"属性"面板中，将"对齐"选项设为"居中对齐"，效果如图 4-58 所示。

图　4-57

图　4-58

（7）将表格的单元格全部选中，在"属性"面板中将"水平"选项设为"居中"，"垂直"选项设为"居中"。将 Dw04/4.2.2images/img_01.jpg 插入到第 1 列中。

（8）用相同的方法，分别将"img_02.jpg""img_03.jpg""img_04jpg"插入到表格余下的列中，效果如图 4-59 所示。

图　4-59

（9）保存文档，按"F12"键预览效果，如图 4-52 所示。

第5章　超级链接的应用

超级链接（Hyperlink）在本质上属于网页的一部分，它是一种允许我们同其他网页或站点之间进行连接的元素。各个网页连接在一起后，才能真正构成一个网站。超级链接又简称为超链接。所谓的超链接是指从一个网页指向一个目标的连接关系,这个目标可以是另一个网页,也可以是相同网页上的不同位置，还可以是一个图片或一个电子邮件地址，一个文件，甚至是一个应用程序等。而在一个网页中用来超链接的对象，可以是一段文本或者是一个图片。当浏览者单击已经链接的文字或图片后,链接目标将显示在浏览器上，并且根据目标的类型来打开或运行。因此，超链接根据使用对象的不同，可以分为文本链接、图像链接、锚点链接、空链接、电子邮件链接等。

5.1　网页链接路径

URL（Uniform Resource Locator，统一资源定位符）主要用于指定取得互联网上资源的位置与方式。URL 的构成如下：

资源获取方式：// "URL 地址" "port" "目录" … "文件名称"。

其中资源获得方式是访问该资源所采用的协议，该协议可以是下面的几种。

http://：超文本传输协议；

ftp://：文件传输协议；

Gopher://：gopher 协议；

Mailto：电子邮件地址；

New：User net 新闻组；

Telnet：使用 Telnet 协议的互动会话；

File：本地文件。

在网页制作中，设置超链接有以下三种表示方式：

① 绝对路径；

② 相对路径（相对于文档）；

③ 站点根目录相对路径（基于根文件夹）。

在正确创建超链接之前，我们有必要先来学习一下路径。

5.1.1　绝对路径（Absolute Path）

大家都知道，在我们平时使用计算机时，要找到需要的文件就必须知道文件的位置，而表示文件的位置的方式就是路径，例如，只要看到这个路径：D:/mysite/music/123.mp3，我们就知道 123.mp3 文件是在 D 盘的 mysite 文件夹下的 music 子文件夹中。类似于这样完整的描述文件位置的路径就是绝对路径。我们不需要知道其他任何信息，就可以根据绝对路径判断出文件的位置。而在网站中类似于 http://www.jxlsxy.com/imgs/123.jpg 来确定文件位置的方式也是绝对路径。

5.1.2　相对路径（Relative Path）

相对路径就是指由这个文件所在的路径引起的跟其他文件(或文件夹)的路径关系。使用相对路径可以为我们带来非常多的便利。下面举例进行详解。

例如，在本地硬盘有如下两个文件，它们要互做超链接，如图 5-1 所示。

G:\site\index.htm

G:\site\web\article\01.htm

图　5-1

index.htm 要想链接到 01.htm 这个文件，正确的链接方法应该是：<a href=web/article/01.htm>链接文字</a>，这是标准的相对路径。

反过来，01.htm 要想链接到 index.htm 这个文件，在 01.htm 文件里面应该写上这句：<a href=../../index.htm>返回首页</a>。这里的../表示向上一级。

因此，在相当路径中我们使用"../"来表示上一级文件夹，"../../"表示上上级的文件夹，以此类推。下级文件夹则用"/.."表示。

5.1.3　站点根目录相对路径

站点根目录相对路径描述从站点的根文件夹到文档的路径。如果在处理使用多个服务器的大型 Web 站点，或者在使用承载多个站点的服务器，则可能需要使用这些路径。不过，如果不熟悉此类型的路径，最好坚持使用文档相对路径。

站点根目录相对路径以一个正斜杠开始，该正斜杠表示站点根文件夹。例如，/article/index.htm 是文件 (index.htm) 的站点根目录相对路径，该文件位于站点根文件夹的 article 子文件夹中。

如果需要经常在 Web 站点的不同文件夹之间移动 HTML 文件，那么站点根目录相对路径通常是指定链接的最佳方法。移动包含站点根目录相对链接的文档时，不需要更改这些链接，因为链接是相对于站点根目录的，而不是文档本身。例如，如果某 HTML 文件对相关文件（如图像）使用站点根目录相对链接，则移动 HTML 文件后，其相关文件链接依然有效。

但是，如果移动或重命名由站点根目录相对链接所指向的文档，则即使文档之间的相对路径没有改变，也必须更新这些链接。例如，如果移动某个文件夹，则必须更新指向该文件夹中文件的所有站点根目录相对链接。（如果使用"文件"面板移动或重命名文件，则 Dreamweaver 将自动更新所有相关链接。）

5.2　链接的设置

超链接由源端点和目标端点两个部分组成。超链接中有链接的一端称为链接的源端点，跳转到的页面或页面中的某个位置称为链接的目标端点。设置超链接的总体思路是：选择超链接的开始位置（源端点）→链接到目标位置（目标端点）。

5.2.1　文本链接

文本链接是网页中最常见的一种链接，这种链接的源端点是文本，目标端点可以是站点内或站点外的网页。

设置文本链接的方法如下。

方法一：新建一个 index.htm 文件，并输入文字"文本超链接"，选中该文本，在菜单栏中选择"插入"→"超级链接"命令，弹出如图 5-2 所示的对话框，在该对话框中进行设置。

图 5-2

链接代码：

```
<a href="http:www.jxlsxy.com target=_blank">文本超链接</a>
```

方法二：使用"属性"面板中的"链接"，先在网页中选择要进行链接设置的文本，再通过链接文本框右侧的"指向文件"按钮 、"浏览文件"按钮 ，或直接在文本框中输入被链接的网页文档的路径，进行文本链接的设置，如图 5-3 所示。

图 5-3

"指向文件"按钮：是指用鼠标把该按钮拖向文件面板中的网页文件。

"浏览文件"按钮：是指用鼠标单击该按钮，在弹出的"选择文件"对话框中选择网页文件，然后单击"确定"按钮返回。

链接代码：

```
<a href="jieshao.htm target=_blank">文本超链接</a>
```

通常在选择超链接后，若没有特别设置，会在原来的窗口中显示打开的网页，这样就无法看到之前的页面，此时可以将目标属性设为_blank，如图 5-4 所示。

图 5-4

在"属性"面板中，如图 5-4 所示，目标列表中有 4 个属性可供选择。

_blank：超链接的网页会在另外一个窗口中打开显示。

_parent：超链接的网页会显示在父框架或父窗口中。

_self：超链接的网页会显示在当前网页的同一窗口或框架中，这是默认设置。

_top：超链接的网页会显示在父窗口中。

在一个网页中为文本创建链接后便会自动变为蓝色，超级链接颜色是预先设置好的，默认为蓝色。用户可以选择"修改"/"页面属性"命令，打开"页面属性"对话框，在左侧的"分类"列表框中选择"链接（CSS）"选项，然后即可在右侧的窗格中设置链接的颜色和已访问链接的颜色，并且可以对链接的下划线等进行设置。

5.2.2　用 CSS 定义链接文本状态

链接的定义主要有三个属性：颜色（color）、文本修饰（text-decoration）和背景（background），CSS 为一些特殊效果准备了特定的工具，我们称之为"伪类"。其中有几项是经常用到的，下面详细介绍用于定义链接样式的四个伪类。

① a:link 定义正常链接的样式；
② a:visited 定义已访问过的链接的样式；
③ a:hover 定义鼠标悬浮在链接上时的样式；
④ a:active 定义鼠标单击链接时的样式。

例如：

```
a:link {  color: #ff0000;  text-decoration: underline;}
a:visited {   color: #00ff00;  text-decoration: none;}
a:hover { color: #000000;  text-decoration: none;}
a:active {color: #ffffff;  text-decoration: none;}
```

上面示例中定义的链接颜色是红色，访问过后的链接是绿色，鼠标悬浮在链接上时是黑色，单击时的颜色是白色。

在 CSS 中写上{a:link}这样的定义，会使整个页面的链接样式改变，但有些局部链接需要特殊化，这个也不难解决，只要在链接样式定义的前面加上指定的 ID 或 CLASS 即可。例如：

```
#a1 a:link {  color: #ff0000;  text-decoration: underline;}
#a1 a:visited {   color: #00ff00;  text-decoration: none;}
#a1 a:hover { color: #000000;  text-decoration: none;}
#a1 a:active {   color: #ffffff;  text-decoration: none;}
```

调用方法：<a id="a1" href= "http://jxlsxy.zcom target="_blank"" >超文本链接</a>

CLASS 的定义方法和 ID 相同，只要将# a1 改为.a1 即可。

可以用"CSS 样式"面板来定义链接文本的状态。

（1）在"CSS 样式"面板中单击"新建 CSS 规则"按钮，在弹出的如图 5-5 所示的对话框中进行设置。

（2）单击"确定"按钮，弹出 a:link 的"CSS 规则定义"对话框，进行如图 5-6 所示的设置，在 Text-decoration（文本修饰）与选择"none"，即"无下划线"。

图　5-5

图　5-6

（3）单击"确定"按钮，网页中的链接文本即变为无下划线，如图 5-7 所示。

图 5-7

提示：其余三种链接文本状态也可同样设置，不过要注意的是：要预览后在浏览器窗口中才可看到效果。

5.2.3 锚点链接

1."返回顶部"链接

所谓锚点链接，是指同一页面中不同位置的链接。例如，一个很长的页面，在页面的最下方有一个"返回顶部"的文字，单击"链接"后，可以跳转到这个页面最顶端，这就是一种最典型的锚点链接。

下面介绍制作页面中的"返回顶部"链接的方法。

（1）执行"文件/打开"菜单命令，在弹出的菜单中选择"Dw05/5.2.3 描点链接一/练习/index.html"文件。

（2）选中底部的图片，单击"属性"面板"右对齐"按钮，设内容为右对齐显示，如图5-8 所示。

（3）将光标置入到导航表格下方的空白单元格中，在"插入"面板的"常用"模式中，选择"命名锚记"按钮，如图 5-9 所示。

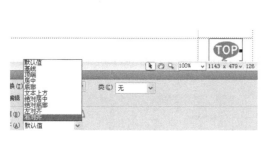

图 5-8

图 5-9

提示：也可在菜单栏中选择"插入"→"命名锚记"命令（快捷键<Ctrl+Alt+A>），同样可以创建命名锚记。在页面中插入锚点标记后，如果锚点标记没有出现在插入点位置，可以选择"查看"/"可视化助理"/"不可见元素"命令，即可在编辑窗口中显示锚点标记。

（4）在弹出的"命名锚记"对话框中输入该锚记的名称，如 top，然后单击"确定"按钮（注意：区分大小写），名为 top 的锚点即被插入到文档中的相应的位置，如图 5-10 所示。

图　5-10

图　5-11

（5）单击工作界面的空白处取消选择后，选中文档窗口底部的图片，在"属性"面板的"链接"文本框中，输入＃号和锚记名称"＃top"。如图 5-11 所示.

链接代码是：<a href="#top">返回顶部</a>

（6）保存文档，按"F12"键预览效果。

2．锚点指向链接

（1）选择"文件/打开"菜单命令，在弹出的菜单中选择"Dw05/5.2.3 描点链接二/练习/index.html"文件，将光标置入到文字"含有多种天然海洋成分"的前面，在"插入/常用"面板中单击"命名锚记"按钮，弹出该对话框，在"锚记名称"选项文本框中输入"c"（图 5-12），单击"确定"按钮完成设置，效果如图 5-13 所示。

图　5-12

图　5-13

（2）选中文字"美容小贴士"，在"属性"面板中，拖拽"链接"选取项右侧的"指向文件"图标，指向窗口内插入的锚点，松开鼠标左键，"链接"选项被更新，并显示所建立的链接，文字效果如图 5-14 所示。

（3）保存文档，按"F12"键预览效果，如图 5-14 所示。

图　5-14

5.2.4　电子邮件链接

所谓的"电子邮件链接"即是当我们点击它时，浏览器会自动调用默认使用的邮件客户端程序（outlook）发送电子邮件。

创建电子邮件链接的步骤如下。

（1）在"文档"窗口的"设计"视图中，将插入点放在希望出现电子邮件链接的位置，或者选择要作为电子邮件链接出现的文本或图像。

（2）执行下列操作之一，插入该链接。

① 在菜单栏中选择"插入"→"电子邮件链接"命令。

② 在"插入"面板的"常用"模式中，单击"电子邮件链接"按钮 。

③ 先选中文本"写信给我"，在"属性"面板的"链接"文本框中，输入"mailto:abc@163.com"，即"mailto:"加上电子邮件地址，如图 5-15 所示。

图 5-15

（3）在执行（1）或（2）之后，会弹出如图 5-16 所示的"电子邮件链接"对话框。在"文本"右侧的文本框中，输入或编辑电子邮件链接的源端点文本。

（4）在"E-mail"右侧的文本框中，输入电子邮件地址，然后单击"确定"按钮。如图 5-17 所示。

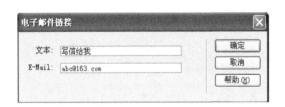

图 5-16   图 5-17

链接代码是：<a href="mailto:abc@163.com">写信给我</a>

电子邮件链接创建成功后，按"F12"键预览，单击电子邮件链接，浏览器会自动打开相应的程序(系统默认为 OutLook)，如图 5-17 所示。

5.2.5　下载链接与空链接

1．创建文件下载链接效果

如果要在网页中提供资源下载服务，就需要设置下载链接。如果超级链接指向的不是一个网页文档，而是 zip、rar、exe、mp3 等类型的文件，这样单击链接时就会提示是否选择下载文件。

　　选择"文件/打开"菜单命令，在弹出的菜单中选择"Dw05/5.2.5 创建文件下载链接效果/index.html"文件,选中文字"咖啡图片"，在"属性"面板中，拖拽"链接"选取顶右侧的"指向文件"图标，指向右侧站点窗口内的文件"咖啡图片.rar"，松开鼠标左键，"链接"选项被更新并显示出所建立的链接，文字效果如图 5-18 所示。

图　5-18

　　单击"属性"面板的"页面属性"按钮，弹出该对话框，在"分类"列表框中选择"链接"选项，在"下划线样式"选项下拉列表中，选"仅在变换图像时显示下划线"，单击"确定"按钮，效果如图 5-19 所示。

　　保存文档，按"F12"键预览效果，如图 5-20 所示。

图　5-19　　　　　　　　　　　　　　　　图　5-20

2．创建空链接和脚本链接

　　（1）选择"文件/打开"菜单命令，在弹出的菜单中选择"Dw05/5.2.5 创建空链接和脚本链接/练习/index.html"文件，选中文字"MORE"，在"属性"面板的"链接"选项文本框中输入"#"，如图 5-21 所示。也可以在属性面板的"链接"框中输入 javascript:alert('您点击的是空链接，请返回重新选择！')。

图　5-21

　　（2）保存文档，按"F12"键预览效果，如图 5-22 所示。

图　5-22

（3）将光标置入到文档的底部，输入"关闭窗口"。

（4）选中文本"关闭窗口"，在"属性"面板"链接"文本框中输入：javascript:window.close()，如图 5-23 所示，文档效果如图 5-24 所示。

图　5-23　　　　　　　　　　　　　　　　　图　5-24

（5）保存文档，按"F12"键预览效果，如图 5-24 所示。单击关闭窗口按钮，弹出提示对话框，提示是否关闭窗口，单击"是"按钮，即可关闭窗口。

5.2.6　一般图像链接

在 Dreamweaver 中的图像链接主要包括：一般图像链接、图像热点链接、鼠标经过图像超链接等。创建一般图像超链接步骤如下。

（1）在网页中插入一张要用来做链接的图片。在菜单栏中选择"插入"→"图像"命令；或在"插入"面板的"常用"模式中，单击"图像"按钮，会弹出如图 5-25 所示的对话框，选择图像源文件。

（2）在"属性"面板的"链接"框中输入链接的目标地址，如图 5-26 所示。

图　5-25　　　　　　　　　　　　　　　　　图　5-26

链接代码是：

```
<a href="http://www.baidu.com/" title="图像超链接"><img src="http:
//www.baidu.com/img/baidu_logo.gif" /></a>
```

5.2.7 图像热点链接

图像热点链接也称热区链接，也有的称图像地图。

图像热点链接用来划分同一张图像上不同区域的超链接。图像热点就是带有预先定义区域的图像，这些区域包含了指向其他文档或锚点的链接。例如在网页版中国地图中，单击某省的名称，便会打开新网页以显示该省的地图或介绍。

（1）运行 Dreamweaver 8，打开网页文件，并选择文件内的图像。选中图像后在如图 5-27 所示的"属性"面板中选择"矩形热点工具""圆形热点工具""多边形热点工具"之一，在图像相应位置上给四个直辖市分别绘出不同的区域，即有四个热点或热区。

图 5-27

"属性"面板的 4 个热点工具按钮名称说明如表 5-1 所示。

表 5-1 面板的 4 个热点工具按钮名称说明

热点工具按钮	名 称	说 明
►	指针热点工具按钮	用来选择或移动链接区域范围
▢	矩形热点工具按钮	用来绘制图像地图中的矩形区域
○	圆形热点工具按钮	用来绘制图像地图中的圆形区域
▽	多边形热点工具按钮	用来绘制图像地图中的多边形区域

（2）选择"北京"上面的热点，在"链接"文本框中添加链接地址"beijing.htm" 在"替换"文本框设置选区的提示文字为"北京市"，如图 5-28 所示。

图 5-28

（3）同样方法，将其他三个直辖市的热点也分别链接到不同的网页：tainjin.htm、shanghai.htm、chongqin.htm。

（4）保存，预览效果。

5.2.8 鼠标经过图像

鼠标经过图像是一种在浏览器中查看并使用鼠标指针移过它时发生变化的图像。必须用以下两个图像来创建鼠标经过图像：主图像（首次加载页面时显示的图像）和次图像（鼠标指针移过主图像时显示的图像）。鼠标经过图像中的这两个图像应大小相等；如果这两个图像大小不同，Dreamweaver 将自动调整第二个图像的大小，以使与第一个图像的属性匹配。鼠标经过图像自动设置为响应 onMouseOver 事件。可以将图像设置为响应不同的事件（例如：鼠标单击）或更改鼠标经过图像。其步骤如下。

（1）在"文档"窗口中，将插入点放置在要显示鼠标经过图像的位置。

（2）选择"文件/打开"菜单命令，在弹出的菜单中选择"Dw05/5.2.8 鼠标经过图像/练习/index.html"文件，将光标置入到单元格中，在"插入/常用"面板中单击"鼠标经过图像"按钮，在该对话框中单击"原始图像"选项右侧的"浏览"按钮，弹出"原始图像"对话框，选择 1a.jpg，单击"确定"按钮，效果如图 5-29 所示。

（3）单击"鼠标经过图像"按钮，选择 1b.jpg，单击"确定"按钮，效果如图 5-30 所示。用相同的方法为其他单元格插入图像，如图 5-31 所示。

图　5-29　　　　　　　　　　　　　　　　　　图　5-30

图　5-31

（4）保存文档，按"F12"键预览效果，如图 5-32 所示。

图　5-32

🖋️提示：鼠标经过图像的链接文件路径，可以在属性面板的"链接"框中更改。在浏览器中，可以看鼠标经过图像，但不能在"设计"视图中看到鼠标经过图像的效果。

5.2.9　导航条

导航条实际上是一组动态图像按钮,单击它后,可在浏览器中调出 HTML 文件和其他(如图像)文件。使用插入导航条功能可以方便地完成网站的导航系统制作,而且变化多样、简单易学。制作导航的具体操作方法如下。

(1)将光标放在需要插入导航条的位置。

(2)在菜单栏中选择"插入"→"图像对象"→"导航条"命令,或在"插入"面板的"常用"选项中,单击"图像"展开式按钮，在其中选择"导航条"按钮 。

(3)打开"插入导航条"对话框,如图 5-33 所示。此对话框用于命名导航条元件并选择导航条元件所用的图像。

(4)在"项目名称"文本框中输入导航条项目的名称,每一个元件都对应一个按钮,该按钮最多可达 4 个状态图像。项目名称在"导航条元件"列表框中显示。

(5)单击"状态图像"文本框右侧的"浏览"按钮,在弹出的"选择图像源文件"对话框中选择一个图像文件。分别设置"鼠标经过图像""按下图像""按下时鼠标经过图像"。在"替换文本"右侧的文本框中,输入项目的描述名称,如图 5-34 所示。

图　5-33

图　5-34

提示:替换文本在纯文本浏览器或设为手动下载图像的浏览器中,替代图像出现在应显示图像的位置。屏幕阅读时替换文本,而且有些浏览器在用户鼠标经过导航条元件时显示替换文本。

(6)单击"按下时,前往的 URL"文本框右侧的"浏览"按钮,选择要打开的链接文件,然后从弹出的菜单中选择打开文件的位置。

(7)选中"预先载入图像"复选框,可在载入页面时下载图像。如果没有选中该选项,在用户将鼠标指针滑过图像时可能会出现延迟。

(8)在"插入"列表框中选择"垂直"。

(9)"导航条元件"列表框给出了导航条中各个动态图像按钮的名称(默认是图像的名称)。单击 按钮,可以增加动态图像按钮(即导航条元件);单击选中动态图像按钮名称,再单击 按钮,可删除该元件;单击选中导航条元件名称,再单击 按钮或 按钮,可改变导航条元件在导航条中的位置。

(10)导航条元件都添加设置完成后,单击"确定"按钮,导航条按垂直排列方式插入网页中,如图 5-35 所示。

图　5-35

（11）保存网页文件，按"F12"键预览网页效果。

💡提示：一个网页中只能插入一组导航条，但导航条元件可以多个。若在"插入导航条"对话框的"插入"列表框中选择"水平"，则导航条会以水平排列方式插入网页中。每个导航条元件的链接文件路径可在"属性"面板的"链接"框中更改。

5.2.10　更改链接名称

在一个站点中添加了各网页之间的超级链接后，各文件的名称最好不要随意更改。如果直接通过资源管理器来对网页和各种文件进行重命名，将影响整个站点的正常链接。

如果确实需要更改文件名称，也可通过 Dreamweaver CS6 中的"站点"面板来更改。以便及时更新该文件有关的链接。其操作方法是：在"站点"面板的文件列表中，选择需要更改名称的文件后，单击其文件名称，或单击鼠标右键，在弹出的快捷菜单中选择"编辑"/"重命名"命令，修改其名称后，将打开"更新文件"对话框，如图 5-36 所示。单击 更新(U) 按钮，Dreamweaver CS6 将自动对相关文件中的链接进行更新。

图　5-36

5.3　项目实训

5.3.1　实训项目一：制作"古今传奇"网页

1．实训目的

通过制作该网页，可以掌握根据页面的实际需要，在页面中合理地创建文本链接、图像链接、锚记链接、空链接和电子邮件链接等。

2．实训案例效果（图 5-37）

3．实训设计过程

（1）创建文本链接。选中要添加链接的文本"09 前沿一区"，在菜单栏中选择"窗口"，"属性"命令，打开"属性"面板。在"属性"面板的"链接"文本框中输入链接地址"qianyan.html"，在"目标"下拉框中选择打开链接窗口的方式"_blank"。

（2）重复上步骤，对其他的文本创建链接，并在"属性"面板中设置文本的相应属性。

（3）创建图像链接。选中网页中的图像，选择"窗口""属性"命令，打开属性面板。在"链接"文本框中输入链接地址"tuxiang.html"，在"目标"下拉框中选择打开链接窗口的方式"_blank"，在"替换"下拉框中输入文本"游戏场景"。

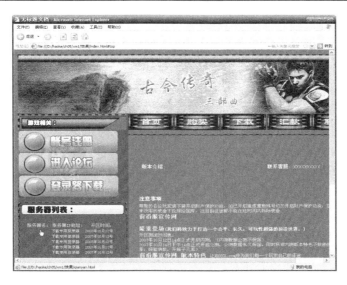

图　5-37

（4）创建锚记链接。将光标放到网页最顶部表格的右端，在菜单中选择"窗口""插入""命名锚记"命令，打开"命名锚记"对话框，设置锚记名称为 top。

（5）在文档窗口的底部选中文本"前沿建筑图像工作室"，在属性面板中单击"链接"文本框右侧的"指向文件"按钮，拖动鼠标至顶部的锚记符号上，将其进行链接，或直接在"链接"文本框中输入"#top"。

（6）创建电子邮件链接，选定文档窗口上部的"联系"图像，在属性面板的"链接"文本框中输入 mailto:123@126.com。

（7）创建空链接。选定文档窗口上部的"购买"图像，在属性面板的"链接"文本框中输入"#"保存文档。F12 浏览效果。

5.3.2　实训项目二：制作"日常生活"网页

1．实训目的

通过制作该网页，可以掌握在同一幅图像的不同部分链接到不同的文档，学会图像热点链接的创建方法和技巧。

2．实训案例效果（图 5-38）

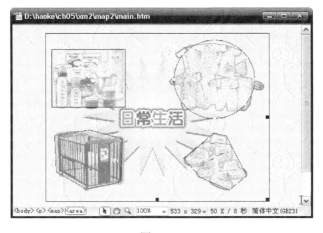

图　5-38

5.3.3 实训项目三：制作图像超链接

对"jieshao.htm"网页中的图像制作超链接，链接到"chinamap.gif"，在点击小图像后，可以浏览相应的大图像。

1．实训目的

了解一般图像链接并学习如何设置链接属性。

2．实训设计过程

（1）打开"Dw05/xm3/jieshao.htm"网页。

（2）选择网页中的小图像，在"属性"面板中单击"链接"的文件浏览按钮。

（3）在"选择文件"对话框中选择目标图像文件 chinamap.gif.

第6章 CSS 样式应用

CSS 是 Cascading Style Sheets 的缩写，中文译作"层叠样式表"，简称样式表。通过 CSS，可以精确地控制页面中每个元素的字体样式、背景、排列方式、区域尺寸和边框等；还能够简化网页代码格式，使得下载显示的速度加快；应用外部链接样式表，可以一次修改完成多个页面中网页内容的显示样式，极大地减少了用户的重复劳动量。在 Dreamweaver CS6 中，可以进行大量的样式定义，通过使用 CSS 样式表，可以轻松地为网页设计出各种漂亮的样式效果。本章将先对 CSS 样式表的编辑操作进行介绍，然后再具体讲解 CSS 样式的详细设置方法。

6.1 创建层叠样式表

6.1.1 认识"CSS 样式"面板

选择"窗口"/"CSS 样式"命令，或按"Shift+F11"快捷键，可打开"CSS 样式"面板。在"CSS 样式"面板中显示了当前网页中存在的所有 CSS 样式，包括外部链接样式表和内部样式表。"CSS 样式"面板各选项的含义介绍如下。

全部 按钮：显示网页中所有 CSS 样式规则。

正在 按钮：显示当前选择网页元素的 CSS 样式信息。

"所有规则"栏：显示当前网页中所有 CSS 样式规则。其中包含了外部链接样式表和内部样式表，可单击样式表的 田 按钮，在展开的列表中查看具体的 CSS 样式。

"属性"栏：显示当前选择的规则的定义信息。

按钮：在"属性"栏中分类显示所有的属性。

按钮：在"属性"栏中按字母顺序显示所有的属性。

按钮：只显示设定了值的属性。

按钮：单击该按钮，可在打开的对话框中选择需要链接的外部 CSS 文件。

按钮：用于新建 CSS 样式规则。

按钮：用于编辑选择的 CSS 样式规则。

按钮：用于删除选择的 CSS 样式规则。

6.1.2 创建层叠样式表

层叠样式表可以保存在当前网页中，也可以作为一个独立的文件（扩展名通常为 CSS）保存在网页外部。通常一个网站中至少要有一个外部层叠样式表文件，以设置整个站点中网页的大部分样式，对于个别网页中需要的样式，才将其保存在网页内部。在"CSS 样式"面板右下角单击 按钮，将打开"新建 CSS 规则"对话框，在其中可设置层叠样式的类型和保存层叠样式的名称。下面对其进行详细介绍。

1. 认识 CSS 样式的类型

在"新建 CSS 规则"对话框的"选择器类型"下拉列表框中，可以对创建的 CSS 类型进行设置，Dreamweaver CS6 中一共包括类、ID、标签和复合内容 4 种。下面分别进行介绍。

（1）类：可用于 HTML 中的任何元素，定义该类型的 CSS 样式时，需在其名称前加上

"."符号。Dreamweaver CS6 会为该类型的 CSS 样式的 HTML 代码中添加 class 属性，例如，可以定义名称为"bodyfont"的类 CSS 样式和其在<div>标签中应用的代码。

（2）ID：只能应用于唯一的标签，且这个标签的 ID 必须是唯一的 ID 类型的 CSS 样式，其名称前应添加"#"符号。例如，可以定义名称为"content"的 ID CSS 样式和其应用在 ID 值为 content 的 HTML 元素的代码。

（3）标签：用于重新定义 HTML 元素，在新建该类型的 CSS 样式后，即可直接将其应用到网页中，例如重新定义 body 标签上的代码。

（4）复合内容：用于在已创建的 CSS 样式基础上，创建或改变一个或多个标签、类或 ID 的复合规则样式表，使包含在该标签中的内容以定义的 CSS 规则进行显示。例如，代码表示<a>标签中的所有 link 必须符合其定义的格式。

2．新建内部 CSS 样式

内部 CSS 样式是指存放在网页代码中，并非以单独的层叠样式表文件而存在的形式。在 Dreamweaver CS6 中，可以直接在"CSS 样式"面板中新建任一类型的内部层叠样式，新建后的样式存放在 HTML 文件的头部，即<head>与</head>标签内，并以<style>开始，</style>结束。新建内部 CSS 样式的方法如下。

（1）新建"tr"内部标签 CSS 样式。启动 Dreamweaver CS6，按"shift+F11"快捷键打开"CSS 样式"面板，单击面板底部的"新建 CSS 规则"按钮。

（2）打开"新建 CSS 规则"对话框，在"选择器类型"下拉列表框中选择"类型"选项卡，在右侧的"字体"下拉列表框中选择"微软雅黑 Light"选项，在"大小"下拉列表框中选择"10"选项，在"颜色"文本框中输入"#666666"，如图 6-1 所示。

图 6-1

图 6-2

图 6-3

（3）选择"背景"选项卡，在右侧的"背景图像"下拉列表框中输入背景图片所在的路径，在"重复"下拉列表框中选择"repeat"选项，设置背景图片自动填充，完成后单击"确定"按钮，如图 6-2 所示。

（4）返回"CSS 样式"面板中，即可查看新建的 CSS 样式。也可在代码界面的<head>标签中查看新建的 CSS 样式代码，如图 6-3 所示。

3．链接外部 CSS 样式表

在 Dreamweaver CS6 中，可以链接已经创建好的 CSS 文件，使其应用到网页中。

6.2　定义层叠样式表属性

在 CSS 规则定义对话框中，可定义的
CSS 规则很多，主要有 9 种类型，包括类型、
背景、区块、方框、边框、列表、定位、扩
展和过渡。下面分别对其进行介绍。

图　6-4

6.2.1　设置类型属性

CSS 的"类型"属性主要用于文本的样
式和格式，只要在 CSS 规则定义对话框的
"分类"列表框中选择"类型"选项卡，即
可在该对话框右侧进行设置，如图 6-4 所示。

"类型"属性中各选项的含义介绍如下。

- "Font-family"下拉列表框：用于设
置文本的字体。

- "Fort-size"下拉列表框：用于设置文本的大小。
- "Fort-style"下拉列表框：用于设置文本的特殊格式。
- "Line-height"下拉列表框：用于设置文本行与行之间的距离。
- "Text-decoration"栏：用于设置文本的修饰效果。
- "Font-weight"下拉列表框：用于设置文本的粗细程度。
- "Font-variant"下拉列表框：用于设置文本的变形方式。
- "Text-transform"下拉列表框：用于设置英文文本的大小写形式。

6.2.2　设置背景属性

"背景"属性可以对网页的背景样式进行设置，只要在 CSS 规则定义对话框的"分类"
列表框中选择"背景"选项卡，即可在该对话框右侧对其进行设置，如图 6-5 所示。

图　6-5

"背景"属性中各选项的含义介绍如下。

- "Background-color"文本框：用于设
置背景颜色。

- "Background-image"下拉列表框：用
于设置背景图像，单击 浏览... 按钮，在打开
的对话框中可进行选择，也可在下拉列表框中
输入背景图像的路径和名称。

- "Background-repeat"下拉列表框：用
于设置背景图像的重复方式。

- "Background-attachment"下拉列表框：
用于设置背景图像是固定在原始位置，还是可
以滚动的。

- "Background-position（X）"下拉列表框：用于设置背景图像的水平位置。
- "Background-position（Y）"下拉列表框：用于设置背景图像的垂直位置。

6.2.3 设置区块属性

在 CSS 规则定义对话框的"分类"列表中选择"区块"选项卡，在对话框右侧可对区块的样式进行设置，如图 6-6 所示。

图　6-6

"区块"属性中各选项的含义如下。

- "Word-spacing"下拉列表框：用于设置单词之间的间距，只适用于英文。
- "Letter-spacing"下拉列表框：用于设置字母之间的间距。
- "Vertical-align"下拉列表框：用于设置文本在垂直方向上的对齐方式。
- "Text-indent"下拉列表框：用于设置文本在水平方向上的对齐方式。
- "Text-indent"文本框：用于设置文本首行缩进的距离。
- "White-space"下拉列表框：用于设置处理空格的方式。
- "Display"下拉列表框：在其中可选择区块中要显示的格式。

6.2.4 设置方框属性

在 CSS 规则定义对话框的"分类"列表框中选择"方框"选项卡，在该对话框右侧可对方框的样式进行设置，如图 6-7 所示。

"方框"属性中各选项的含义介绍如下。

- "Width"下拉列表框：设置方框的宽度。
- "Height"下拉列表框：设置方框的高度。
- "Float"下拉列表框：设置方框中文本的环绕形式。
- "clear"下拉列表框：设置层不允许在应用样式元素的某个侧边。
- "padding"栏：指定元素内容与元素边框之间的间距。

图　6-7

- "margin"栏：指定元素的边框与另一个元素之间的间距。

6.2.5 设置边框属性

在 CSS 规则定义对话框的"分类"列表框中选择"边框"选项卡，在该对话框右侧可对边框的样式进行设置，如图 6-8 所示。

"边框"属性中各选项的含义介绍如下。

- "Style"栏：用于设置元素上、下、左和右的边框样式。
- "Width"栏：用于设置元素上、下、左和右的边框宽度。

图　6-8

- "Color"栏：用于设置元素上、下、左和右的边框颜色。

6.2.6　设置列表属性

在 CSS 规则定义对话框的"分类"列表框中选择"列表"选项卡，在该对话框右侧可对列表的样式进行设置，如图 6-9 所示。

"列表"属性中各选项的含义介绍如下。

- "List-style-type"下拉列表框：在其中可选择无序列表的项目符号和有序列表的标号类型。

- "List-style-image"下拉列表框：在其中可指定图像作为无序列表的项目符号，可直接在其中输入图像的路径，也可单击 浏览… 按钮，在打开的对话框中选择图像。

图　6-9

- "List-style-Position"下拉列表框：在其中可以选择列表文本是否换行和缩进。"outside"选项代表当列表过长而自动换行时以缩进方式显示；"inside"选项代表当列表过长而自动换行时不缩进。

图　6-10

6.2.7　设置定位属性

在 CSS 规则定义对话框的"分类"列表框中选择"定位"选项卡，在该对话框右侧可对定位的样式进行设置，图 6-10 所示。

"定位"属性中部分选项的含义介绍如下。

- "Position"下拉列表框：用于设置定位的方式，选择"绝对"选项，可以使用"定位"框中输入的坐标相对于页面左上角来放置层；选择"相对"选项，可以使用"定位"框中输入的坐标相对于对象当前位置来放置层；选择"静态"选项，可以将层放在他在文本中的位置。

- "Visibility"下拉列表框：确定层的显示方式，选择"继承"选项将继承父层的可见性属性，如果没有父层，则可见；选择"可见"选项将显示层的内容；选择"隐藏"选项将隐藏层的内容。

- "Z-lndex"下拉列表框：确定层的堆叠顺序。编号较高的层显示在编号较低的层的上面。

- "Overflow"下拉列表框：确定当层的内容超过层的大小时的处理方式。

- "Placement"栏：指定层的位置和大小。

- "Clip"栏：定义层的可见部分。

6.2.8　设置扩展属性

在 CSS 规则定义对话框的"分类"列表框中选择"扩展"选项卡，在该对话框右侧可对扩展的样式进行设置，如图 6-11 所示。

"扩展"属性中各选项的含义介绍如下。

- "Page-break-before"下拉列表框：控制打印时在 CSS 样式的网页元素之前进行分页。

- "Page-break-after"下拉列表框：控制打印时在 CSS 样式的网页元素之后进行分页。
- "Cursor"下拉列表框：用于设置鼠标指针移动到应用 CSS 样式的网页元素上的形状。
- "Filter"下拉列表框：设置应用 CSS 样式的网页元素的特殊效果，不同的选项有不同的设置参数的方法。

图　6-11

6.2.9　设置过渡属性

在 CSS 的规则定义对话框中选择"过渡"选项卡，在该对话框右侧可对过渡样式进行设置，如图 6-12 所示。

图　6-12

"过渡"属性中各选项的含义介绍如下。

- ☑所有可动画属性(A)复选框：选中该复选框，"属性"栏将不可用，为网页中的所有动画属性设置相同的参数。
- "属性"栏：取消选中 ☑所有可动画属性(A)复选框，可单击 ➕ 按钮添加需要设置的属性，单击 ➖ 按钮删除属性。
- "持续时间"文本框：设置动画的持续时间，可在后面的下拉列表框中选择时间的单位。
- "延迟"文本框：设置动画的延迟时间，可在后面的下拉列表框中选择时间的单位。
- "计时功能"下拉列表框：用于选择需要的计时器。

6.3　使用 CSS 过滤器

在 Dreamweaver CS6 中，CSS 过滤器能把可视化的过滤器和转换效果，添加到一个标准 HTML 元素上。可以灵活地应用滤镜的特点，使页面变得更加美轮美奂。如图 6-13 所示为 Dreamweaver 中的滤镜。下面将详细地介绍滤镜的设置方法。

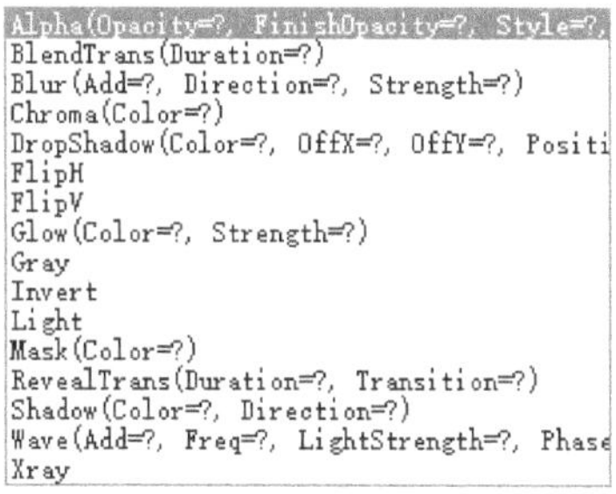

6.3.1　Alpha 滤镜

在 Dreamweaver CS6 中，Alpha 滤镜主要用于设置对象的不透明度。

（1）选择"文件 / 打开"菜单命令，在弹出的菜单中选择"Dw06/ 6-3-1 图像半透明处理/index.html"文件。选择完成后，单击"打开"按钮，即可将选中的素材文件打开。

```
Alpha(Opacity=?, FinishOpacity=?, Style=?,
BlendTrans(Duration=?)
Blur(Add=?, Direction=?, Strength=?)
Chroma(Color=?)
DropShadow(Color=?, OffX=?, OffY=?, Positi
FlipH
FlipV
Glow(Color=?, Strength=?)
Gray
Invert
Light
Mask(Color=?)
RevealTrans(Duration=?, Transition=?)
Shadow(Color=?, Direction=?)
Wave(Add=?, Freq=?, LightStrength=?, Phase
Xray
```

图　6-13

（2）在菜单栏中执行"格式"→"CSS 样式"→"新建"命令。在弹出的对话框中将"选择器名称"设置为"Alpha"。

（3）设置完成后，单击"确定"按钮，再在弹出的对话框中选择"分类"列表框中的"扩展"选项，在"Filter"下拉列表中，选择"Alpha（Opacity=？，FinishOpacity=？，Style=？StarX=？，StarY=？，FinishX=？，FinishY=？）"选项。将 Opacity 的值设置为"1000"，Style 设置为"3"，删除其他参数。

（4）设置完成后，单击"确定"按钮，将光标置入到要应用该样式的单元格中，按 Shift+F11 组合键，在弹出的面板中选择".Alpha"，单击鼠标右键，在弹出的快捷菜单中执行"应用"命令。

Opacity 参数设置用于调整图片的透明度；FinishOpacity 用于设置渐变透明效果；Style 用于设置模糊类型，"0"为统一形状，"1"为线型，"2"为放射状，3 为长方形；StartX 和 StartY 表示渐变透明效果的起始 X、Y 坐标；FinishX 和 FinishY 表示渐变透明效果的终止 X、Y 坐标。

6.3.2　Blur 滤镜

（1）选择"文件 / 打开"菜单命令，在弹出的菜单中选择"Dw06/ 6-3-2 制作风吹过图像效果/index.html"文件。选择完成后，单击"打开"按钮，即可将选中的素材文件打开。

（2）在菜单中执行"格式"→"CSS 样式"→"新建"命令。在弹出的对话框中将"选择器名称"设置为"Blur"。

（3）设置完成后，单击"确定"按钮，再在弹出的对话框中选择"分类"列表框中的"扩展"选项，在"Filter"下拉列表中选择"Blur（Add=？，Direction=？，Strength=？）"选项。将 Add 的值设置为"1"，Direction 设置为"100"，Strength 设置为"10"。

（4）设置完成后，单击"确定"按钮，将光标置入到要应用该样式的单元格中，按 Shift+F11 组合键，在弹出的面板中选择".Blur"，单击鼠标右键，在弹出的快捷菜单中执行"应用"命令。

Add 用来设置是否显示模糊对象。"0"为不显示，"1"为显示。Direction 用来设置模糊的方向，单位为度，"0"度代表垂直向上，每"45"度一个单位。Strength 用来设置多少像素的宽度将受模糊影响。

6.3.3 FlipH 滤镜

（1）选择"Dw06/ 6-3-3 图像 FLipH 滤镜效果/index.html"文件后，单击"打开"按钮，即可将选中的素材文件打开。

（2）在菜单栏中执行"格式"→"CSS 样式"→"新建"命令。在弹出的对话框中将"选择器名称"设置为"FlipH"。

（3）设置完成后，单击"确定"按钮，再在弹出的对话框中选择"分类"列表框中的"扩展"选项，在"Filter"下拉列表中选择"FlipH"选项。

（4）设置完成后，单击"确定"按钮，将光标置入到要应用该样式的单元格中，按 Shift+F11 组合键，在弹出的面板中选择".FlipH"，单击鼠标右键，在弹出的快捷菜单中执行"应用"命令。

6.3.4 Glow 滤镜

（1）选择"文件／打开"菜单命令，在弹出的菜单中选择"Dw06/ 6-3-4 利用发光字制作网页标题/index.html"文件。选择完成后，单击"打开"按钮，即可将选中的素材文件打开。

（2）在菜单栏中执行"格式"→"CSS 样式"→"新建"命令。在弹出的对话框中将"选择器名称"设置为"Glow"。

（3）设置完成后，单击"确定"按钮，再在弹出的对话框中选择"分类"列表框中的"扩展"选项，在"Filter"下拉列表中选择"Glow（Color=？，Strength=？）"选项。将 Color 的值设置为"#ffffff"， Strength 设置为"10"。

（4）设置完成后，单击"确定"按钮，将光标置入到要应用该样式的单元格中，按 Shift+F11 组合键，在弹出的面板中选择".Glow"，单击鼠标右键，在弹出的快捷菜单中执行"应用"命令。

6.3.5 Gray 滤镜

（1）选择"文件／打开"菜单命令，在弹出的菜单中选择"Dw06/ 6-3-5 利用滤镜制作特效照片网页/index.html"文件。选择完成后，单击"打开"按钮，即可将选中的素材文件打开。

（2）在菜单栏中执行"格式"→"CSS 样式"→"新建"命令。在弹出的对话框中将"选择器名称"设置为"Gray"。

（3）设置完成后，单击"确定"按钮，再在弹出的对话框中选择"分类"列表框中的"扩展"选项，在"Filter"下拉列表中选择"Gray"选项。

（4）设置完成后，单击"确定"按钮，将光标置入到要应用该样式的单元格中，按 Shift+F11 组合键，在弹出的面板中选择".Gray"，单击鼠标右键，在弹出的快捷菜单中执行"应用"命令。

6.3.6 Invert 滤镜

（1）选择"文件／打开"菜单命令，在弹出的菜单中选择"Dw06/ 6-3-6 利用 Invert 滤镜制作特效照片网页/index.html"文件。选择完成后，单击"打开"按钮，即可将选中的素材文件打开。

（2）在菜单栏中执行"格式"→"CSS 样式"→"新建"命令。在弹出的对话框中将"选择器名称"设置为"Invert"。

（3）设置完成后，单击"确定"按钮，再在弹出的对话框中选择"分类"列表框中的"扩展"选项，在"Filter"下拉列表中选择"Invert"选项。

（4）设置完成后，单击"确定"按钮，将光标置入到要应用该样式的单元格中，按 Shift+F11 组合键，在弹出的面板中选择".Invert"，单击鼠标右键，在弹出的快捷菜单中执行"应用"命令。

6.3.7　Shadow 滤镜

（1）选择"文件／打开"菜单命令，选择"Dw06/6-3-7 利用 Shadow 滤镜制作特效照片网页/index.html"文件，然后打开该文件。

（2）在菜单栏中执行"格式"→"CSS 样式"→"新建"命令。在弹出的对话框中将"选择器名称"设置为"Shadow"。

（3）设置完成后，单击"确定"按钮，再在弹出的对话框中选择"分类"列表框中的"扩展"选项，在"Font-family"设置为"方正综艺简体"，"Font-size"设置为"56px"，"Color"设置为"#fff"。再在"分类"列表框中选择"扩展"选项，在"Filter"下拉列表中选择"Shadow（Color=？，Direction=？）"选项。将 Color 设置为"#f0000"，将 Direction 设置为"80"。

（4）设置完成后，单击"确定"按钮，将光标置入到要应用该样式的单元格中，按 Shift+F11 组合键，在弹出的面板中选择".Shadow"，单击鼠标右键，在弹出的快捷菜单中执行"应用"命令。

6.3.8　Wave 滤镜

（1）选择"文件／打开"菜单命令，在弹出的菜单中选择"Dw06/ 6-3-8 制作图像波浪效果/index.html"文件。选择完成后，单击"打开"按钮，即可将选中的素材文件打开。

（2）在菜单栏中执行"格式"→"CSS 样式"→"新建"命令。在弹出的对话框中将"选择器名称"设置为"Wave"。

（3）设置完成后，单击"确定"按钮，再在弹出的对话框中选择"分类"列表框中的"扩展"选项，在"Filter"下拉列表中选择"Wave（Add=？，Freq=？，LightStrength=？Phase=?,Strength=？）"选项。将 Add 的值设置为"0"，Freq 设置为"6"，LightStrength 设置为"6"，Phase 设置为"0"，Strength 设置为"13"。

（4）设置完成后，单击"确定"按钮，将光标置入到要应用该样式的单元格中，按 Shift+F11 组合键，在弹出的面板中选择".Wave"，单击鼠标右键，在弹出的快捷菜单中执行"应用"命令。

6.3.9　Xray 滤镜

（1）选择"文件／打开"菜单命令，在弹出的菜单中选择"Dw06/ 6-3-9 利用滤镜制作特效照片网页/index.html"文件。选择完成后，单击"打开"按钮，即可将选中的素材文件打开。

（2）在菜单栏中执行"格式"→"CSS 样式"→"新建"命令。在弹出的对话框中将"选择器名称"设置为"Xray"。

（3）设置完成后，单击"确定"按钮，再在弹出的对话框中选择"分类"列表框中的"扩展"选项，在"Filter"下拉列表中选择"Xray"选项。

（4）设置完成后，单击"确定"按钮，将光标置入到要应用该样式的单元格中，按 Shift+F11 组合键，在弹出的面板中选择".Xray"，单击鼠标右键，在弹出的快捷菜单中执行"应用"命令。

6.4　应用并管理层叠样式

6.4.1　应用层叠样式

设置好 CSS 样式后，标签 CSS 样式和伪类 CSS 样式会自动应用到相应的 HTML 标签和伪类上，而类 CSS 样式则需要手动应用到需要的网页元素上。

1. 使用网页元素的快捷菜单应用 CSS 样式

在 Dreamweaver CS6 中，选中要应用的样式的网页元素后，在其上单击鼠标右键，在弹出的快捷菜单中选择"CSS 样式"命令，在弹出的子菜单中选择相应的 CSS 样式即可。

2. 使用网页元素的"属性"面板应用 CSS 样式

选中要应用样式的网页元素后，在其"属性"面板的"类"下拉列表框中选择需要的选项即可。

3. 在"CSS 样式"面板中应用层叠样式

选中要应用样式的网页元素后，在"CSS 样式"面板中要应用的 CSS 样式名称上单击鼠标右键，在弹出的快捷菜单中选择"应用"命令即可。

6.4.2　编辑层叠样式

如果对创建的层叠样式不满意，可对其进行编辑，使其更符合网页的整体风格。编辑层叠样式的方法有两种：一种是在 CSS 规则定义对话框中修改；另一种是直接在"CSS 样式"面板中修改。

1. 在 CSS 规则定义对话框中修改

在 CSS 规则定义对话框中修改 CSS 样式的方法很简单，只需打开对应的 CSS 规则定义对话框，重新对其参数进行定义即可。

2. 在"CSS 样式"面板中修改

如果对 CSS 样式较为熟悉，可以直接在"CSS 样式"面板对其进行修改。其方法是：在"CSS 样式"面板中选中需要进行修改的样式，在"属性"栏中直接对其进行设置即可。

6.4.3　删除层叠样式

如果网页中存在未使用的 CSS 样式，则可对其进行删除。只要在"CSS 样式"面板中选中要删除的 CSS 样式，再单击"删除 CSS 规则"按钮 🗑 即可。

6.5　CSS 样式制作步骤解析

本范例将创建多种类型的 CSS 样式，包括基本的文本类型样式、文本的滤镜效果样式和多形态链接样式，通过应用这些样式，可以分别为文本标题、文本内容和链接设置独立的效果。

6.5.1　创建 CSS 样式

（1）选择"文件/打开"菜单命令，在弹出的菜单中选择"Dw06/ 6.5.1 制作步骤解析/index.html"文件。如图 6-14 所示。

图　6-14

（2）执行"窗口"→"CSS 样式"命令，打开"CSS 样式"面板。如图 6-15 所示。

"CSS 样式"面板中各项参数的功能分别介绍如下。

"全部"按钮：单击该按钮，如图 6-16 所示，在下文的"所有规则"列表框中显示文档中的所有样式。

图　6-15　　　　　　　　　　　　　　　　图　6-16

"当前"按钮：单击该按钮，在下方的"所选内容的摘要"列表框中，显示选中内容所应用的样式。在其中可以对样式进行修改。如图 6-17 所示。

属性：在下方的列表框中显示选中样式的具体属性，在该列表框中可以编辑其中的每项属性。

显示类别视图：单击该按钮，在"属性"列表框中按类别显示 CSS 样式。

显示列表视图：单击该按钮，在"属性"列表框中按列表显示 CSS 样式。

只显示设置属性：单击该按钮，在"属性"列表框中只显示用户定义过的 CSS 样式属性。

附加样式表：单击该按钮，打开"链接外部样式表"对话框，在对话框中可以设置链接外部样式表文件。如图 6-18 所示。

新建 CSS 规则：单击该按钮，会打开"新建 CSS 规则"对话框，在其中可以定义要创建的 CSS 样式的类型和名称等。如图 6-19所示。

图　6-17

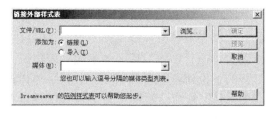

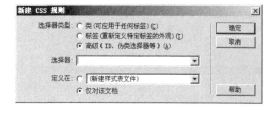

图　6-18　　　　　　　　　　　　　　　图　6-19

编辑样式：在样式列表中选中样式后，单击该按钮即可打开该样式的"规则定义"对话框，可以对样式进行编辑。如图 6-20 所示。

删除样式：在样式列表中选中样式后，单击该按钮，即可将选中的样式删除。

（3）单击"CSS 样式"面板上的"新建 CSS 规则"按钮，打开"新建 CSS 规则"对话框。如图 6-21 所示。

"新建 CSS 规则"对话框中各参数功能介绍如下。

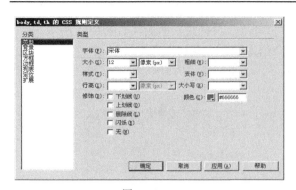

图 6-20　　　　　　　　　　　　　图 6-21

　　选择器类型：选择 CSS 样式所应用的类型，有"类""标签"和"高级" 3 个选项。选择"类"时，CSS 样式可以用于任何网页内容；选择"标签"时，CSS 样式自动应用于设定的标签所包含的内容；选择"高级"时，CSS 样式用于特定的自定义范围。

　　名称：为 CSS 样式定义名称。

　　定义在：选择 CSS 样式的定义位置，有"保存为文件"和"仅对该文档"两个选项，前者将 CSS 样式保存为外部文件，后者将 CSS 样式内容嵌入到文档的代码中。

　　（4）在"新建 CSS 规则"对话框的"选择器类型"栏中选择"类"单选项，在"名称"文本框中输入"text_01"，在"定义在"栏中选择"仅对该文档"单选按钮，然后单击"确定"按钮。如图 6-22 所示。

　　（5）在打开的".text_01 的 CSS 规则定义"对话框中进行设置，在"分类"列表框中选择"类型"项，进行"类型"设置界面。

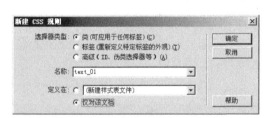

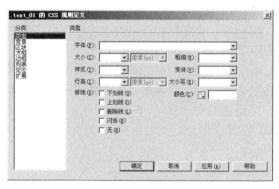

图 6-22　　　　　　　　　　　　　图 6-23

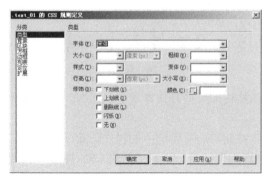

图 6-24

　　（6）单击"字体"后面的下拉列表按钮，在打开的下拉列表中选择"宋体"，将字体样式设置为宋体。修饰设置为"无"，字体颜色设置为"#666666"。如图 6-24 所示。

　　（7）单击"确定"按钮完成该样式的设置，即可在"CSS 样式"面板中查看样式。

6.5.2　应用 CSS 样式

　　（1）按住"Ctrl"键单击选中文档中添加有文本内容的单元格，打开单元格的"属性"面板，在"样式"下拉列表中选择"text_01"选项，为该单元格应用样式"text_01"。如图 6-25 所示。

（2）在文档中选中插入下划线，在"属性"面板中为其应用样式"line"。如图 6-26 所示。

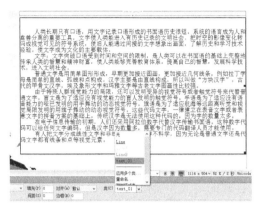

图　6-25

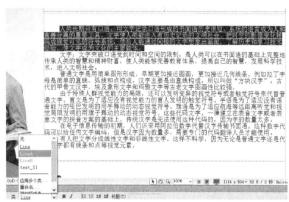

图　6-26

（3）选中文档中的文本内容"文字"，在"属性"面板中为其应用样式"LinkA"，然后为其添加一个链接。如图 6-27 所示。

（4）按照相同的方法，将文本中其他需要添加样式的内容添加到样式。

（5）在文档的底部选中文本内容"元素"，在"属性"面板中应用样式"LinkB"，然后为其添加一个链接。

（6）按照相同的方法，为该行中其他文本内容应用样式，然后添加链接。

（7）执行"文件"→"保存"命令保存文件，按下"F12"键在浏览器中预览效果。如图 6-28 所示。

图　6-27

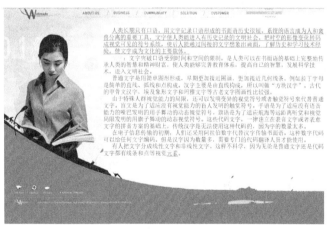

图　6-28

第 7 章　Div+CSS 灵活布局网页

Div+CSS 是网站标准中的常用术语之一，是一种网页布局的方法，可实现网页页面内容与表现的分离。Div+CSS 是由 Div 标签和 CSS（层叠样式表）进行布局的，下面对 Div 标签和 CSS 分别介绍如下。

① Div 标签：是 HTML 中的一种网页元素，通常用于对页面的布局。

② CSS：层叠样式表。

使用 Div+CSS 进行布局时，先在网页中通过 Div 进行页面的布局，将需要的元素进行定位，并显示出网页中的信息，后期再通过 CSS 进行样式的定义和美化。

7.1　关于 Div+CSS 布局

7.1.1　了解基于 CSS 的页面布局

基于 CSS 的页面布局，就是使用 Div 代替表格进行布局，它比使用表格布局更精简，代码更加规范。使用表格和 CSS 进行布局，各有其优缺点。

（1）表格布局：对于显示表格式数据（如重复元素的行和列）很有用，并且其操作简单，很容易在页面上进行创建。但使用表格时，常常需要进行嵌套，为制作过程带来很多不便，还会在网页中生成大量难以阅读和维护的代码，所以在许多 Web 站点中，常常使用基于表格的布局方式来显示其页面上的信息。

（2）Div 布局：基于 CSS 的布局通常使用 Div 标签，而不是 table 标签来创建。用户可以在网页中创建 Div，并通过设置其属性，指定其宽度、高度、边框、边距、背景颜色及对齐方式等信息。Div 标签产生的代码简单、短小，用户可以更容易地浏览并使用 CSS 构建的页面，其包含的代码数量也少很多。

7.1.2　块元素

使用元素 Div+CSS 布局时，网页中的内容都是放置在 Div 中的，此时 Div 也可叫做"块"或"容器"。这里所说的"块"，一般是指其他元素的容器元素，其高度和宽度都可以进行自定义设置，如经常使用的<div>/<p>和<ul>等都属于块元素，它们在默认状态下每次都占据一整行，可以容纳内联元素和其他块元素。

7.1.3　行内元素

行内元素也叫内联元素，是指网页内容的显示方式，它与块元素相反，其高度和宽度都不能进行设置。在 Dreamweaver CS6 中常用到的<a>、<span>和<img>等都属于行内元素。

7.2　在网页中插入 Div

7.2.1　插入 Div

在 Dreamweaver CS6 中插入 Div 的方法很简单，在需要插入的位置处单击定位插入点，然后选择"插入"→"布局对象"→"Div 标签"命令，在打开的"插入 Div 标签"对话框中对其属性进行设置即可，如图 7-1 所示。

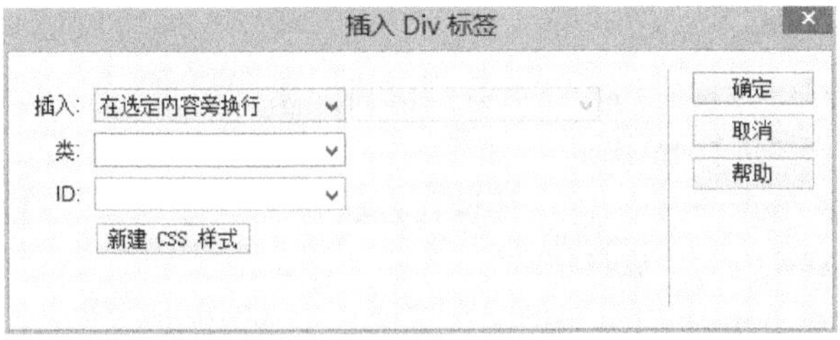

图　7-1

该对话框中各选项的含义介绍如下。

- "插入"下拉列表框：用于选择 Div 标签插入的位置，包括"在插入点""在开始标签之后"和"在结束标签之前"3 个选项。
- "类"下拉列表框：用于选择或输入 Div 的 class 属性。
- "ID"下拉列表框：用于选择或输入 Div 的 id 属性。
- 新建 CSS 样式 按钮：单击该按钮，可为 Div 标签直接创建 CSS 样式。

7.2.2　Div 的嵌套

在进行网页制作的过程中，仅仅只插入一个 Div 标签，远远达不到制作的要求，一般情况下，都需要在一个 Div 标签中插入更多的 Div 标签，以对网页元素进行定位，这就是 Div 的嵌套。

7.3　关于 Div+CSS 盒模型

盒模型的原理就是将页面中的元素都看作一个占据了一定空间的盒子，它由 Margin（边界）、Border（边框）、Padding（填充）和 Content（内容）组成，其中 Margin 位于最外层，Content 位于最里层。

7.3.1　Margin（边界）

Margin 表示元素与元素之间的距离，设置盒子的边界距离时，可以对 Margin 的上、下、左和右边距进行设置，如图 7-2 所示，其对应的属性介绍如下。

- Top：用于设置元素上边距的边界值。
- Bottom：用于设置元素下边距的边界值。
- Right：用于设置元素右边距的边界值。
- Left：用于设置元素左边距的边界值。

Dreamweaver CS6 中可以在 CSS 的规则定义对话框中选择"方框"选项，在其右侧界面的"Margin"栏中可对其进行设置。因标签的类型与嵌套的关系不同，则相邻元素之间的边距也不相同，一般来说，分为以下几种情况。

图　7-2

- 行内元素相邻：当两个行内元素相邻时，它们之间的距离是第一个元素的边界值与第二个元素的边界值之和。
- 父子关系：是指存在嵌套关系的元素，它们之间的间距值是相邻两个元素之和。
- 产生换行效果的块级元素：如果没有块元素的位置进行定位，而只用于产生换行效果，则相邻两个元素之间的间距会以边界值较大的元素的值来决定。

7.3.2　Border（边框）

Border 用于设置网页元素的边框，可达到分离元素的效果。Border 的属性主要有 Color、Width 和 Style，下面分别进行介绍。

- Color：用于设置 Border 的颜色，其设置方法与文本的 Color 属性相同，但一般采用十六进制来进行设置，如黑色为"#000000"。
- Width：用于设置 Border 的粗细程度，其值包括 Medium、Thin、Thick 和 Length。
- Style：用于设置 Border 的样式，其值包括 dashed、dotted、double、groove、hidden、inherit、none 和 Solid。

7.3.3　Padding（填充）

用于设置 Content 与 Border 之间的距离，其属性主要有 Top、Right、Bottom 和 Left。

7.3.4　Content（内容）

Content 即盒子包含的内容，就是网页要展示给用户观看的内容，它可以是网页中的任一元素，包含块元素、行内元素或 HTML 中的任一元素，如文本、图像等。

7.4　Div+CSS 布局定位

对 Div 进行布局时，主要可以通过 CSS 的 Position 和 Float 属性来进行设置，下面分别进行介绍。

- Position：包含了几种较为常用的定义方法，即 relative（相对定位）、absolute（绝对定位）和 fixed（悬浮定位）等。在 CSS 的规则定义对话框中选择"定位"选项卡，在右侧的"Position"下拉列表框中即可进行设置。如图 7-3 所示。
- Float：可用于设置 Div 的浮动属性，使其相对于另一个 Div 进行定位。在 CSS 的规则定义对话框中选择"方框"选项，在右侧的"Float"下拉列表框中即可进行设置。如图 7-4 所示。

图　7-3

图　7-4

7.4.1　relative（相对定位）

Relative 即相对定位，是指在元素所在的位置上，通过设置其水平或垂直位置，让该元素相对于起点进行移动，可通过设置 Top、Left、Right 和 Bottom 属性的值对其位置进行定位。

7.4.2　absolute（绝对定位）

Absolute 即绝对定位，是指通过设置 Position 属性的值，将其定位在网页中的绝对位置。如图 7-5 所示为定义名为"Layer1"和"Layer2"Div 标签的 CSS 属性，这两个标签在网页中显示的位置，从中可以看出"Layer2"的 Div 标签应用 absolute 进行定位后，它以网页的边界为起点，向下移动了 60px，向右移动了 40px。

```
}
#Layer1 {
    background-color: #33FF99;
    position: absolute;
    height: 200px;
    width: 100px;
}
#Layer2 {
    background-color: #CCFFCC;
    position: absolute;
    height: 200px;
    width: 100px;
    position: absolute;
    left: 40px;
    top: 60px;
}
```

图　7-5

7.4.3　fixed（悬浮定位）

fixed 即是悬浮定位，是指使某个元素悬浮在上方，用于固定元素位于页面的某个位置。可以定义名为"left"和"right"Div 标签的 CSS 属性，也可以定义这两个标签在网页中显示的位置，所以，"left"的 Div 标签应用 fixed 进行定位后，它悬浮在"right"的 Div 标签的上方，其相对于"right"的位置，向下移动了 60px，向右移动了 40px。

7.4.4　float（浮动定位）

Float 即浮动定位，主要用于控制网页元素的显示方式，如靠左显示、靠右显示等。在 Dreamweaver CS6 中进行定位时，通常先通过它来对元素进行定位，然后再通过其他定位属性对其具体位置进行设置。

Float 主要有 left、right 和 none 3 个参数，下面分别进行介绍。

- left：定位于盒子的左侧。
- right：定位于盒子的右侧。
- none：不进行定位。

7.5　常用的 Div+CSS 布局方式

7.5.1　Div 高度自适应

高度自适应是指相对于浏览器而言，盒模型的高度随着浏览器高度的改变而改变，这时需要使用到高度的百分比。当一个盒模型不设置宽度时，它默认是相对于浏览器显示的。

7.5.2　网页内容居中布局

Dreamweaver CS 中默认的居中布局方式是左对齐，要想使网页中的内容居中，需要结合元素的属性进行设置，可通过设置自动外边距居中、结合相对定位与页边距，以及设置父容器的 padding 属性来实现。

1．自动外边距居中

自动外边距居中是指设置 Margin 属性的 Left 和 Right 值为"auto"。但在实际设置时，可为需要进行居中的元素创建一个 Div 容器，并为该容器指定宽度，以避免出现在不同的浏览器中观看的效果不同的现象。例如，可以在网页中定义一个 Div 标签与其属性，也可以在网页中显示其效果。

2．结合相对定位于负边距

该方法的原理是：通过设置 Div 标签的 Position 属性为"relative"，然后使用负边距抵消边距的偏移量。

代码中的"Position：relative；"表示 Content 是相对于其父元素 body 标签进行定位的；"left：50%；"表示将其左边框移动到页面的正中间；"margin-left：-300px；"表示从中间位置向左偏移回一半的距离，其值需根据 Div 标签的宽度值来进行计算。

3．设置父容器的 Padding 属性

使用前面的两种方法都需要先确定父容器的宽度，但当一个元素处于一个容器中时，如果想让其宽度随窗口的变化而变化，同时保持内容居中，可通过 Padding 属性来进行设置，使其父元素左右两侧的填充相等。

7.5.3　网页元素浮动布局

CSS 中的任何元素都可以浮动，浮动布局即通过 Float 属性来设置网页元素的对齐方式。通过该属性与其他属性的结合使用，可使网页元素达到特殊的效果，如首字下沉、图文混排等。同时在进行布局时，还要适当地清除浮动，以避免元素超出父容器的边距而造成布局效果不同。

1．首字下沉

首字下沉是指将文章中的第一个字放大，并与其他文字并列显示，以吸引浏览者的注意。在 Dreamweaver CS6 中可通过 CSS 的 Float 与 Padding 属性进行设置。

2．图文混排

图文混排就是将图文与文字混合排列，文字可在图片的四周、嵌入图片下面或浮于图片上方等。在 Dreamweaver CS6 中，可通过 CSS 的 Float 与 Padding、Margin 等属性进行设置。

3．清除浮动

如果页面中的 Div 元素太多，并且使用 Float 属性较为频繁，可通过清除浮动的方法来消除页面中溢出的内容，使父容器与其中的内容契合。清除浮动的常用方法有以下几种。

- 定义 Div 或 p 标签的 CSS 属性 clear：both；
- 在需要清除浮动的元素中定义其 CSS 属性 overflow：auto；
- 在浮动层下设置空 Div。

7.5.4　流体网格布局

流体网格布局也叫做自适应 CSS 布局，通过它可以创建自适应网站的系统，它可通过设置 Div，宽、高百分比等进行设置。在 Dreamweaver CS6 中，还可以通过系统自带的流体网格布局功能来创建网页。其方法是：选择"文件"/"新建"命令，打开"新建文档"对话框，选择"流体网格布局"选项卡，在右侧的窗格中，在需要创建的类型下的文本框中输入自适应的百分比，单击 创建(R) 按钮即可。

第8章　模板和库的应用

在制作网页的过程中，有时需要把一些网页元素应用在数十个甚至数百个页面上，当要修改这些多次使用的页面元素时，如果逐页地修改既费时又费力，但使用 Dreamweaver CS6 中的库项目，就可以极大地减少这种重复的劳动，从而省去许多麻烦。

8.1　在库面板中注册项目

Dreamweaver CS6 允许把网站中需要重复使用或需要经常更新的页面元素（如图像、文本或其他对象等）存入库中，存入库中的原元素被称为库项目。需要时，可以把库项目拖放到文档中，这时 Dreamweaver 会在文档中插入该库项目 HTML 源代码的一份备份。

使用库面板添加库项目的操作方法如下。

（1）选择"文件 / 打开"菜单命令，在弹出的菜单中选择"Dw08/8.1 在库面板中注册项目 / index.html"文件，如图 8-1 所示。

图　8-1

（2）选择"窗口 / 资源"菜单命令，弹出"资源"面板，在"资源"面板中，单击左侧的"库"按钮 ，进入"库"面板，选中如图 8-2 所示的图片。将其拖拽到"库"面板中，如图 8-3 所示，松开鼠标，选定的图像添加为库项目，如图 8-4 所示。

图　8-2

图　8-3

图 8-4 　　　　　　　　　　　　　　　　图 8-5

（3）在可输入状态下，将其命名为"logo"，按"Enter"键，如图 8-5 所示。

（4）选中左侧的图像，如图 8-6 所示，在选中的状态下拖拽到"库"面板中，选定的图像添加为库项目，将其重命名为"left"，并按"Enter"键，效果如图 8-7 所示。

图 8-6 　　　　　　　　　　　　　　　　图 8-7

（5）选中网页文档上方的导航文字，如图 8-8 所示，将其拖拽到"库"面板中，选定的文字添加为库项目，将重命名为"daohangzi"，并按"Enter"键，效果如图 8-9 所示。文档窗口中文本的背景变成黄色，效果如图 8-10 所示。

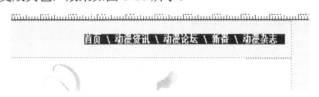

图 8-8

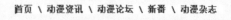

图 8-9 　　　　　　　　　　　　　　　　图 8-10

8.2 应用库中的注册项

使用库中注册的项目制作网页文档，使用文本颜色按钮更改文本的颜色。

8.2.1 利用库中注册的项目制作网页文档

具体操作方法如下。

（1）选择"文件 / 打开"菜单命令，在弹出的菜单中选择"Dw08/8.2 应用库中的注册项/index.html"文件，如图 8-11 所示。

图 8-11

（2）将光标置入到上方的导航表格中，如图 8-12 所示。选择"库"面板中的 daohang 项，如图 8-13 所示，将其拖拽到单元中松开鼠标，效果如图 8-14 所示。

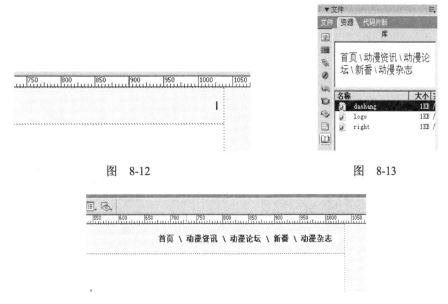

图 8-12   图 8-13

图 8-14

（3）选择"库"面板中的 logo 项，如图 8-15 所示，将其拖拽到单元格中，效果如图 8-16 所示。

图　8-15　　　　　　　　　　　　　　　　　图　8-16

（4）选择"库"面板中的 left 项，如图 8-17 所示，将其拖拽到左侧的单元格中，效果如图 8-18 所示。

图　8-17　　　　　　　　　　　　　　　图　8-18

（5）按"F12"键，预览效果如图 8-19 所示。

图　8-19

8.2.2　修改库中注册的项目

具体操作步骤如下。

（1）返回 Dreamweaver 界面中，在"库"面板中双击 daohang 项，进入到项目的编辑界面中，效果如图 8-20 所示。

（2）将文字选中，如图 8-21 所示。通过"属性"面板的"文本颜色"按钮，将文本颜色设为蓝色"#0033661"，如图 8-22 所示，文本效果如图 8-23 所示。

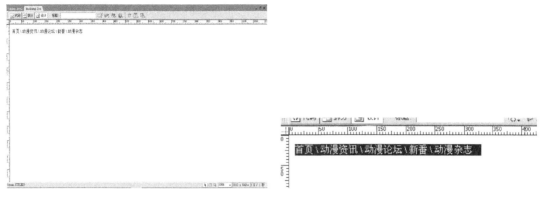

图　8-20　　　　　　　　　　　　　　　图　8-21

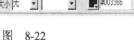

图　8-22　　　　　　　　　　　　　　　图　8-23

（3）选择"文件 / 保存"菜单命令，弹出"更新库项目"对话框，单击"更新"按钮，弹出"更新页面"对话框，如图 8-24 所示，单击"关闭"按钮。

8.2.3　直接在网页文档中修改

具体操作步骤如下。

（1）在网页文档中直接选择导航信息，如图 8-25 所示。

（2）在"属性"面板中单击"从源文件中分离"按钮，弹出提示对话框，如图 8-26 所示，单击"确定"按钮，断开与库的连接，直接在文档中编辑。

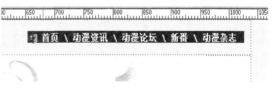

图　8-24　　　　　　　　　　　　　　　图　8-25

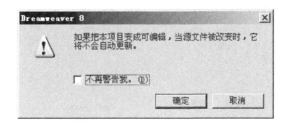

图　8-26

（3）将文字选中，通过"属性"面板的"文本颜色"按钮 ，将文本颜色设为蓝色"#003366"，如图 8-27 所示，文本效果如图 8-28 所示。

图 8-27   图 8-28

（4）按"F12"键预览效果，可以看到文字的颜色发生了改变，如图 8-29 所示。

图 8-29

8.3 创建模板

8.3.1 将现有的网页另存为模板

将现有网页另存为模板，就像制作普通网页文档一样，先制作出一个完整的网页，然后将其另存为模板，如图 8-30 所示，并指向可编辑区域，在制作其他网页时就可以通过该模板进行创建。

8.3.2 创建空白模板

空白网页模板与空白网页文档类似，是指创建不包含任何内容的网页模板文件，其扩展名为.dwt；然后再使用与编辑普通网页相同的方法来创建网页内容，为其指定可编辑区域，保存模板文档后即可用该模板文档创建其他的网页，如图 8-31 所示。

图 8-30   图 8-31

8.4　使用模板轻松制作大量文档

使用可编辑区域按钮可以制作可编辑区域，还可以使用模板文档制作其他网页文档效果。

8.4.1　在模板文档中定义可编辑区域

（1）选择"文件／打开"菜单命令，在弹出的菜单中选择"Dw08/8-4-1 使用模板轻松制作大量文档／index.html"文件，如图 8-32 所示。

图　8-32

（2）在"插入／常用"面板中单击"表格"按钮▦，在弹出的对话框中进行设置，如图 8-33 所示，单击"确定"按钮，效果如图 8-34 所示。

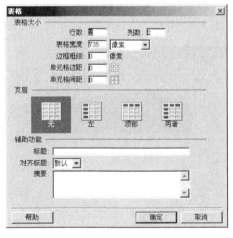

图　8-33

图　8-34

（3）选择"文件/另存为模板"菜单命令，在"另存为"对话框中输入 moban，如图 8-35 所示，单击"保存"按钮，弹出提示对话框，如图 8-36 所示，单击"是"按钮，切换到模板界面。

图　8-35　　　　　　　　　　　　　图　8-36

（4）将光标置入到第 1 行第 1 列单元格中，如图 8-37 所示。在"插入 / 常用"面板中单击"可编辑区域"按钮，弹出"新建可编辑区域"对话框，在"名称"选项的对话框中输入 zixun，如图 8-38 所示，单击"确定"按钮，效果如图 8-39 所示。

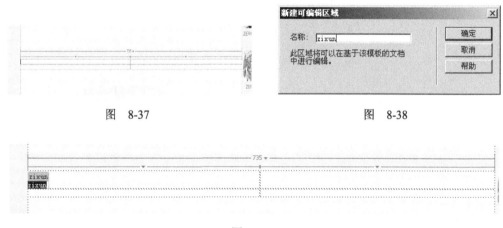

图　8-37　　　　　　　　　　　　　图　8-38

图　8-39

（5）将光标置入到第 1 行第 2 列单元格，如图 8-40 所示。选择"插入记录/模板对象/可编辑区域"菜单命令，弹出"新建可编辑区域"对话框，在"名称"选项的对话框中输入 xinfan，如图 8-41 所示，单击"确定"按钮，效果如图 8-42 所示。

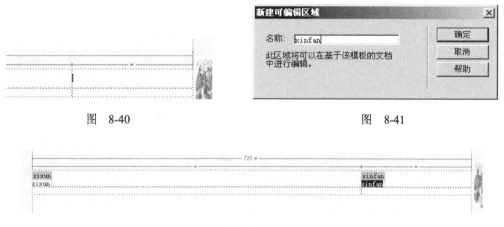

图　8-40　　　　　　　　　　　　　图　8-41

图　8-42

（6）用相同的方法，为其他单元格设定可编辑区域，效果如图 8-43 所示。选择"文件/保存"菜单命令，将模板保存。

图　8-43

8.4.2　使用模板文档制作其他网页文档

（1）选择"文件/新建"菜单命令，弹出"新建文档"对话框，单击"模板中的页"选项，选择前面制作的模板名称 moban，如图 8-44 所示，单击"创建"按钮，如图 8-45 所示。

图　8-44

图　8-45

（2）选择"文件/保存"菜单命令，弹出"另存为"对话框，在"保存在"选项的下拉列表中选择当前站点目录保存路径，在"文件名"选项的文本框中输入"index 1"，单击"保存"按钮，返回网页编辑窗口。

（3）将第 1 行第 1 列中的内容删除，在"插入/常用"面板中单击"图像"按钮，在弹出的"选择图像源文件"对话框中，选择素材"Dw08/8.4 使用模板轻松制作大量文档/images"文件夹中的"a-03.jpg"，单击"确定"按钮完成图片的插入，效果如图 8-46 所示。

（4）用同样的方法删除其他单元格的内容，将图片"a-04JPg"插入到第 1 行第 2 列，"a-06.jpg"插入到第 2 行第 1 列，"a_08.jpg"插入到第 2 行第 2 列中，效果如图 8-47 所示。

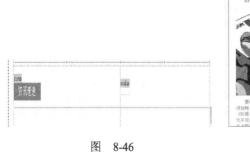

图　8-46

图　8-47

（5）保存文档，按"F12"键，预览效果如图 8-48 所示。

图　8-48

8.4.3　修改模板文档

（1）调出"资源"面板，单击左侧的"模板"按钮 [::]，如图 8-49 所示。

（2）双击面板中的名称 moban，打开模板文档，如图 8-50 所示。

图　8-49   图　8-50

（3）分别单击可编辑区域的青色边框，按"Delete"键，将其删除，效果如图 8-51 所示。

（4）将表格的第 1 行第 1 列和第 2 行第 1 列单元格同时选中，如图 8-52 所示，单击"属性"面板中的"合并单元格"按钮 [:]，将选中的单元格合并，效果如图 8-53 所示。

（5）按照上面的制作方法，分别单击"可编辑区域"按钮 [☑] 后，用"biaol""biao2""neirong"重新设定编辑区域，如图 8-54 所示。

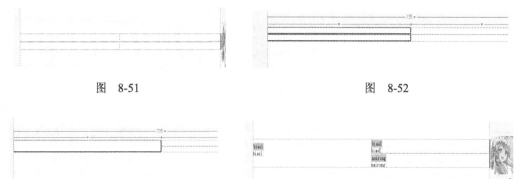

图　8-51   图　8-52

图　8-53   图　8-54

（6）选择"文件/保存"菜单命令，弹出提示对话框，单击"更新"按钮，在弹出的对话框中选择"jigou"，如图 8-55 所示，在"将内容移到新区域"选项的下拉列表中选择"biaol"，如图 8-56 所示。用相同的方法，在列表中选择要替换的前一次的名称，在下面的列表中选择重新指定的名称，如图 8-57 所示。

（7）单击"确定"按钮，弹出"更新页面"对话框，如图 8-58 所示，单击"关闭"按钮。

图 8-55

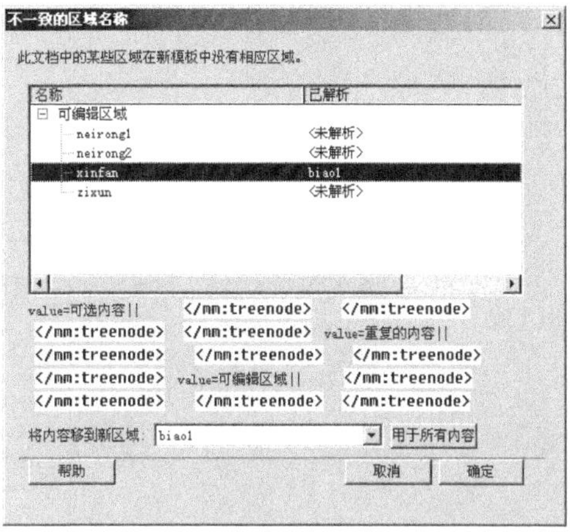

图 8-56

图 8-57

图 8-58

（8）切换到 index1.html 文档窗口中，网页文档的结构发生了变化，如图 8-59 所示。

图 8-59

（9）选择如图 8-60 所示的标题图片，按"Delete"键，将其删除，效果如图 8-61 所示。

　　　　图　8-60　　　　　　　　　　　　　　　　　　图　8-61

（10）保存文档，按"F12"键预览效果，如图 8-62 所示。

图　8-62

第 9 章　框架的应用

在网页中，框架结构主要用来实现将浏览器窗口划分成多个部分进行显示，不同的部分显示不同的 HTML 文档内容的效果。

框架结构主要由框架和框架集两个元素组成。

框架：是浏览器窗口中的一个区域，其可以显示与浏览器窗口其余部分的显示内容无关的 HTML 文档内容。

框架集：是将一个浏览器窗口通过几行几列的方式划分成多个部分，并且每个部分显示不同的网页元素。可以用来定义文档窗口中显示网页的框架的数量、大小和载入框架的网页源，以及其他可定义的属性等。

框架布局结构的网页有以下几个优点：

① 有利于保持网站风格的统一；

② 由于框架布局的网页中导航部分是同一个网页文件，因此能够轻松地统一网站的整体风格；

③ 方便浏览者访问；

④ 使用框架布局的网页中导航部分是位置固定不变的，便于浏览者对网页进行浏览；

⑤ 提高网页制作的效率；

⑥ 框架结构的页面可以将每个网页都用到的共同部分，制作成单独的网页文件，通过作为网页的一个框架页面进行应用，极大地减少了网页制作者的工作量；

⑦ 方便更新和维护网站的操作；

⑧ 使用框架结构的网页，在对其进行修改和调整时，只需要对其公共部分的框架内容进行编辑，其他相关文档便会自动更新，这样可以轻松地完成整个网站的更新。

9.1　创建框架

Dreamweaver CS6 中提供了 13 种框架集，其创建方法很简单，只需要单击选择需要的框架集即可。

9.1.1　创建预定义框架集

使用预定的框架集可以很轻松地选择需要创建的框架集。创建预定义框架集的具体操作步骤如下。

（1）启动 Dreamweaver CS6，在开始页面中，单击"新建"栏下的"HTML"选项，即可新建一个空白文档，如图 9-1 所示。

（2）在菜单栏中执行"插入"→"HTML"→"框架"命令，在弹出的子菜单中选择一种框架集，这里选择了"左侧及上方嵌套"，如图 9-2 所示。

此时页面中会弹出一个"框架标签辅助功能属性"对话框，在该对话框中可以为创建的每一个框架指定标题，如图 9-3 所示。

（3）单击"确定"按钮，此时页面中就会创建一个"左侧及上方嵌套"的框架，如图 9-4 所示。

图 9-1   图 9-2

图 9-3   图 9-4

图 9-5

9.1.2　创建嵌套框架集

在原有的框架内创建一个新的框架,称之为嵌套框架集。一个框架集文件可以包含多个嵌套框架。许多使用框架的 Web 其实使用的都是嵌套框架集,在 Dreamweaver CS6 中,大多数的预定框架集也是使用的嵌套,如果在一组框架的不同行列中有许多不同数目的框架,则需要使用嵌套框架集。创建嵌套框架集的具体操作步骤如下。

(1)将光标置入要插入嵌套框架集的框架中,如图 9-5 所示。

(2)在菜单栏中执行"修改"→"框架集"命令,在弹出的子菜单中有四种拆分框架的命令,即"拆分左框架""拆分右框架""拆分上框架""拆分下框架",这里选择"拆分上框架",如图 9-6 所示。

（3）选定拆分框架方式后，即可创建嵌套框架集，效果如图 9-7 所示。

图　9-6　　　　　　　　　　　　　　　　　图　9-7

9.2　保存框架和框架文件

在浏览器中浏览框架集之前，必须保存框架集文件，以及在框架中显示的所有文档。

9.2.1　保存框架文件

在"框架"面板或文档窗口中选择框架，然后执行下列操作之一。

（1）如果要保存框架文件，可以在菜单栏中执行"文件"→"保存框架"命令，如图 9-8 所示。

（2）如果要将框架文件保存为新文件，可在菜单栏中执行"文件"→"框架另存为"命令。如图 9-9 所示。

图　9-8　　　　　　　　　　　　　　　　　图　9-9

9.2.2　保存框架集文件

在"框架"面板或文档窗口中选择框架集，然后执行下列操作之一。

（1）如果要保存框架集文件，可以在菜单栏中执行"文件"→"保存框架页"命令，如图 9-10 所示。

（2）如果要将框架集文件保存为新文件，可在菜单栏中执行"文件"→"框架集另存为"命令。如图 9-11 所示。

图　9-10

图　9-11

图　9-12

9.2.3　保存所有的框架集文件

在菜单栏中执行"文件"→"保存全部"命令，如图 9-12 所示，即可保存所有的文件（包括框架集文件和框架文件）。

执行该命令后，Dreamweaver 会先保存框架集文件，此时，框架集边框会显示选择线，并在保存文件对话框的文件名域提供临时文件名 UntitledFrameset-1，可以根据需要修改保存文件的名字，然后单击"保存"按钮即可。

随后保存主框架文件，文件名域中的文件名则变为 Untitled-1，设计视图（文档窗口）中的选择线也会自动移动到主框架中，单击"保存"按钮即可。保存完主框架后，才会保存其他框架文件。

9.3　选择框架和框架集

选择框架和框架集是对框架页面进行设置的第一步，之后才能对框架和框架集进行设置。

9.3.1　认识"框架"面板

框架和框架集是单个的 HTML 文档，如果想要修改框架或框架集，首先应该选择它们，可以在设计视图中使用"框架"面板来进行选择。

在菜单栏中执行"窗口"→"框架"命令，如图 9-13 所示，即可打开"框架"面板，如图 9-14 所示。

图　9-13

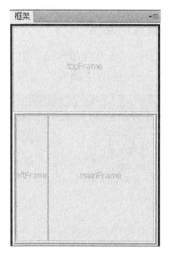

图　9-14

9.3.2　在"框架"面板中选择框架或框架集

　　在"框架"面板中随意单击一个框架就能将其选中,当被选中时,文档窗口中的框架周围就会出现带有虚线的轮廓,如图 9-15 所示。

　　还可以在文档窗口中选择框架或框架集。在文档窗口中单击某个框架的边框,可以选择该框架所属的框架集。当一个框架集被选中时,框架集内所有框架的边框都会带有虚线的轮廓。要将选择转移到另一个框架,可以执行以下操作之一。

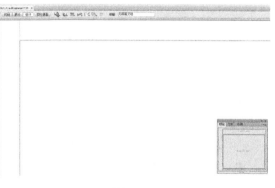

图　9-15

　　(1)按住"Alt"+"左或右"方向键,可将选择移至下一个框架。
　　(2)按住"Alt"+"上"方向键,可将选择移至父框架。
　　(3)按住"Alt"+"下"方向键,可将选择移至子框架。

9.4　设置框架和框架集属性

　　通过使用"属性"面板,可以完成对框架和框架集名称、框架源文件、边框颜色、边界宽度和边界高度等属性的设置。
　　在"属性"面板中各项参数详细设置如下。
　　边框:设置框架集是否显示边框,选项包括"是""否""默认值",默认显示边框。
　　边框宽度:如果选择显示边框,在此可以设置边框的宽度。

边框颜色：如果选择显示边框，在此可以设置边框的颜色。

列：单击"属性"面板右侧框架集的缩图，可以设置框架集的比例，一般设置一列框架的值为固定的像素或百分比，另一列的值为"1"，单位选择"相对"，这样可以保证让框架集未固定设置宽度的一列随浏览器而自动适应宽度。

9.4.1　设置框架属性

在文档窗口中，按"Shift+Alt"组合键单击选择一个框架，或者在"框架"面板中单击选择框架，即可在相应的"属性"面板中设置框架的相关属性，如图 9-16 所示。

图　9-16

在"属性"面板中可以进行下面的设置。

框架名称：在框架名称下方的文本框中可设置框架的名称，方便区别不同的框架。

源文件：在文本框中设置当前框架页内的文档名称，也可通过单击图标查找本地文件路径。

边框：设置当前框架在浏览器中查看时是否有边框，大多数浏览器默认为显示边框，除非父框架集已将"边框"设置为"否"。只有当共享该边框的所有框架都将边框设置为"否"时，边框才是隐藏的。

边框颜色：如果设置有边框，可在此设置边框颜色。

滚动：设置当前框架是否显示滚动条，有 4 个选项："是""否""自动""默认"，当选择"自动"时，当网页内容超出框架范围时自动显示滚动条。

不能调整大小：选中该复选框，框架将不能调整大小。

边界宽度：设置框架中的内容与左右边框之间的距离，单位是像素。

边界高度：设置框架中的内容与上下边框之间的距离，单位是像素。

9.4.2　设置框架集属性

在文档窗口中，单击框架集的边框，即可选择一个框架集，此时，会在"属性"面板中显示框架集的相关属性，如图 9-17 所示。

图　9-17

在"属性"面板中可以进行下面的设置。

边框：设置当前框架在浏览器中查看时是否有边框。

边框颜色：如果设置有边框，可在此设置边框颜色。

边框宽度：用于制定框架集中所有边框的宽度。

值：设置选定框架集的各行、各列的框架大小。

单位：用来指定浏览器分配给每个框架的空间大小，在该下拉列表中共包括三种选项，即"像素""百分比"和"相对"。

9.5　框架的基本操作

对于框架可以进行如下的操作："选择框架""拆分框架""删除框架"和"在框架中打开网页"。下面结合图例来讲述这几种基本操作。

1．选择框架

（1）要选择框架，只要单击一个框架内的任意地方，该框架就成为当前活动的框架，该框架中的网页就成为当前活动的网页。

（2）要选择所有的框架，把光标移到框架与框架之间的分隔线上，等光标改变形状为 ↔ 后单击。

（3）要改变框架的尺寸，把光标移到框架的边框上，等光标改变形状为 ↔ 后拖动边框，如图 9-18 所示。

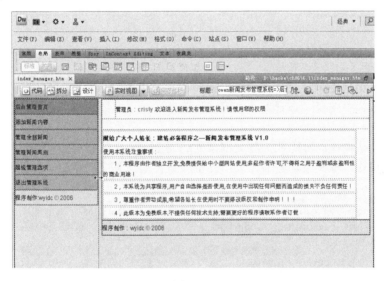

图　9-18

2．拆分框架

（1）要把框架一分为二，按住"Ctrl+Alt"组合键键不放，然后拖动框架的边框。

（2）也可以在菜单栏中选择"修改"→"框架集"的下级菜单选项命令来拆分框架。

菜单命令"修改"→"框架集"的次级菜单的各项功能如下。

编辑无框架内容：编辑代码<noframes></noframes>之间的内容，即浏览器不支持框架时网页所显示的内容。

拆分左框架：拆分后原框架在新生成的框架左侧。

拆分右框架：拆分后原框架在新生成的框架右侧。

拆分上框架：拆分后原框架在新生成的框架上侧。

拆分下框架：拆分后原框架在新生成的框架下侧。

提示：注意编辑无框架内容的使用，当浏览器不支持框架页时，网页可以显示说明文本。

这里选择"拆分右框架",则右侧的框架被拆分成了左右两个框架,如图 9-19 所示。

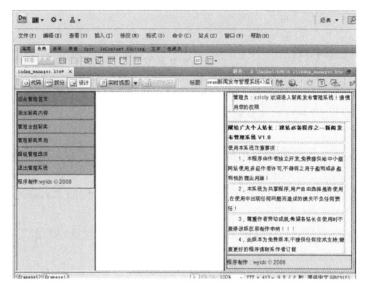

图 9-19

3. 删除框架

框架创建后如需要删除,具体操作步骤如下。

(1)在菜单栏中选择"查看"→"可视化助理"→"框架边框"命令,将框架边框设为显示。

(2)将框架边框拖离页面或拖到父框架的边框上。

经过以上操作,框架成功删除,余下的框架将自动撑满文档窗口。如图 9-20 所示。

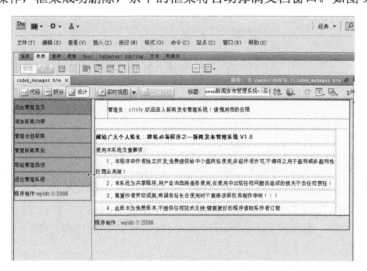

图 9-20

✏️ 提示:如果框架的边框设为隐藏,则是无法进行拖动并删除的;在删除时,要按住鼠标不放一直将要删除的框架边框拖离页面或拖到父框架的边框才可以。查看"框架"面板可以确认框架是否删除成功。

4．在框架中打开网页

要在框架中打开一个网页，操作步骤如下。

（1）打开"框架"面板，单击框架。

（2）在相应的"属性"面板中设置框架中的页面。

（3）在"属性"面板的"源文件"中，直接输入框架中的页面的路径和名称，或单击图标 📁，查找文件的本地路径。

9.6 为框架页设置链接

在网页制作中之所以使用框架，最主要还是因为框架页独特的链接方式。因为应用框架，可以在不同的框架中显示不同的页面，所以在设置框架页中某处文字或图像等元素进行链接时，会发现在"属性"面板中，链接的目标下拉列表中多了几个选项，如图 9-21 所示。

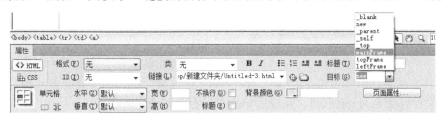

图 9-21

多出来的几项名称是当前框架集所组成的框架的名称，进行正确的链接目标设置，才能保证整个页面的导航无误，让页面显示正确的链接。

创建框架页链接的步骤如下。

（1）设置文件的链接路径。

（2）在"目标"下拉列表中，选择链接的内容在什么框架中显示。

（3）保存全部文件，在浏览器中进行浏览，单击链接时，显示相应的页面。

_blank:链接的页面在新的窗口打开。

_parent:链接的页面在父框架中打开。

_self：链接的页面在自身窗口打开。

_top：链接的页面在最外层框架中打开。

_mainframe：指定在框架集中主框架的 mainframe 框架区域中打开。

Leftframe：指定在框架集中左框架的 Leftframe 框架区域中打开。

Topframe：指定在框架集中顶部的 Topframe 框架区域中打开。

9.7 框架的嵌套

上面谈到了父框架，因为有时根据实际需要，会在框架集中创建多个框架，框架之间形成上下级关联，如图 9-22 所示为一个三层框架嵌套在"框架"面板的显示效果。按照 Dreamweaver CS6 自带的框架布局创建的框架页以后，还可以在框架内继续创建框架，形成嵌套。

其中框架 main 与框架 bottom 同级。框架 main 和框架

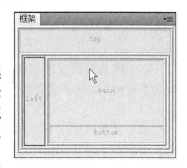

图 9-22

bottom 组成的框架集与框架 left 同级。框架 top 与下面的 3 个框架 left、main、bottom 组成的框架集同级。

9.8 项目实训

9.8.1 项目实训一：为框架设置不同背景

图 9-23

本实训完成后的效果如图 9-23 所示。

（1）新建一个网页文件，执行"插入"→"HTML"→"框架"→"左侧及上方嵌套"菜单命令，在文档页面中插入框架，如图 9-24 所示。

（2）将光标放在左侧框架中，执行"文件"→"保存框架"菜单命令，打开"另存为"对话框，将其保存并命名为 left.html，完成后单击"保存"按钮。

（3）将光标放在上方框架中，执行"文件"→"保存框架"菜单命令，打开"另存为"对话框，将其保存并命名为 top.html，完成后单击"保存"按钮。

（4）将光标放在下方框架中，执行"文件"→"保存框架"菜单命令，打开"另存为"对话框，将其保存并命名为 main.html，完成后单击"保存"按钮。

（5）选择整个框架，执行"文件"→"保存全部"菜单命令，打开"另存为"对话框，将其保存并命名为 index.html，完成后单击"保存"按钮。

（6）将光标放在左侧的框架中，执行"修改"→"页面属性"菜单命令，打开"页面属性"对话框，将其背景颜色设置为橙黄色（#FF3300），然后单击"确定"按钮，如图 9-25 所示。

图 9-24

图 9-25

（7）将光标放置在上方的框架中，执行"修改"→"页面属性"菜单命令，打开"页面属性"对话框，将其背景颜色设置为粉红色（#FF99CC），然后单击"确定"按钮，如图 9-26 所示。

（8）光标放置在下方的框架中，执行"修改"→"页面属性"菜单命令，打开"页面属性"对话框，为其设置背景图像，单击"浏览"按钮，选择"Dw 9/9.8.1 为框架设置不同背景/beijing.jpg"，然后单击"确定"按钮，如图 9-27 所示。

图　9-26　　　　　　　　　　　　　　　　图　9-27

（9）保存文件，然后按"F12"键预览网页，效果如图 9-28 所示。

9.8.2　项目实训二：使用框架制作网页

通过上面的介绍，相信大家已经掌握了框架的基本知识。下面使用框架来制作网页，效果如图 9-29 所示。

图　9-28　　　　　　　　　　　　　　　　图　9-29

（1）新建一个网页文件，执行"插入"→"HTML"→"框架"→"上方及下方"菜单命令，在文档页面中插入框架，如图 9-30 所示。

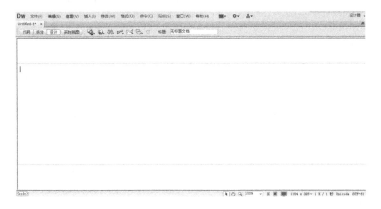

图　9-30

（2）将光标放在上方框架中，执行"文件"→"保存框架"菜单命令，打开"另存为"对话框，将其保存并命名为 top.html，完成后单击"保存"按钮。

（3）将光标放在上方框架中，执行"文件"→"保存框架"菜单命令，打开"另存为"

对话框，将其保存并命名为 main.html，完成后单击"保存"按钮。

（4）将光标放在上方框架中，执行"文件"→"保存框架"菜单命令，打开"另存为"对话框，将其保存并命名为 bottom.html，完成后单击"保存"按钮。

（5）选择整个框架，执行"文件"→"保存全部"菜单命令，打开"另存为"对话框，将其保存并命名为制作框架网页.html，完成后单击"保存"按钮。

（6）执行"窗口"→"文件"菜单命令，打开"文件"面板，在"文件"面板中用鼠标双击 top.html，打开 top.html 页面。

（7）执行"插入"→"表格"菜单命令，在文档中插入一个 1 行 1 列，宽为 810 像素的表格，设置其边框粗细，单元格边距和单元格间距均为 0，并在"属性"面板中将表格设置为"居中对齐"，如图 9-31 所示。

（8）为表格添加背景图像"Dw 9/9.8.2 使用框架制作网页/images/x-1.jpg"，选中插入的表格，单击"代码"按钮，切换到代码视图，在<table width="810" border="0" align="center" cellpadding="0" cellspacing="0"后添加代码 background="images/x-1.jpg"，如图 9-32 所示。

图　9-31　　　　　　　　　　　　图　9-32

（9）单击"设计"按钮切换到设计视图，将光标置于表格中，打开"属性"面板，在"水平"下拉列表中选择"左对齐"，在"垂直"下拉列表中选择"底部"。

（10）执行"插入"→"表格"菜单命令，插入一个 1 行 5 列、宽为 450 像素的嵌套表格，设置其边框粗细、单元格边距和单元格间距均为 0。

（11）分别在嵌套表格的各个单元格中输入文字，文字大小为 14 像素，字体为微软简中圆，颜色为黑色，然后将文档保存并关闭。如图 9-33 所示。

图　9-33

（12）在"文件"面板中，用鼠标双击 main.html，打开 main.html 页面，执行"插入"→"表格"菜单命令，在文档中插入一个 1 行 2 列、宽为 810 像素的表格，设置其边框粗细、单元格边距和单元格间距均为 0，并在"属性"面板中将表格设置为"居中对齐"。

（13）添加图像"Dw 9/9.8.2 使用框架制作网页/images/x-2.jpg"，将光标置于表格左列单元格中，执行"插入"→"图像"菜单命令，在单元格中插入图像。如图 9-34 所示。

（14）将光标置于表格右列单元格中，执行"修改"→"表格"→"拆分单元格"菜单命令，将其拆分为 7 行，如图 9-35 所示。

图 9-34   图 9-35

（15）添加图像"Dw 9/9.8.2 使用框架制作网页/images/x-3.jpg"，将拆分后的第一行单元格的背景颜色设置为红色（#ee1437），然后在该单元格中插入图像，如图 9-36 所示。

图 9-36

（16）分别在第 2 行至第 4 行中输入文字，文字大小为 12 像素，颜色为灰色。

（17）将第 5 行单元格拆分为两列，然后在拆分后的左列单元格中添加图像"Dw 9/9.8.2 使用框架制作网页/images/x-4.jpg"。

（18）在拆分后的右列单元格中添加图像"Dw 9/9.8.2 使用框架制作网页/images/x-5.jpg"，然后输入文字，其中标题文字颜色为红色（#ee1437），正文文字颜色为灰色，文字大小都为 12 像素。

（19）在第 6 行单元格中插入一个 1 行 2 列、宽为 96% 的嵌套表格，设置其边框粗细、单元格边距和单元格间距均为 0。

（20）在嵌套表格左列的单元格中，添加图像"Dw 9/9.8.2 使用框架制作网页/images/x-6.jpg"，并在图像右侧输入文字，文字大小为 12 像素，颜色为灰色。

（21）在嵌套表格右列的单元格中，添加图像"Dw 9/9.8.2 使用框架制作网页/images/x-8.jpg"，并在图像右侧输入文字，文字大小为 12 像素，颜色为灰色。

（22）执行"插入"→"图像"菜单命令，在第 7 行单元格中插入图像"Dw 9/9.8.2 使用框架制作网页/images/x-7.jpg"。如图 9-37 所示。

图 9-37

（23）在"文件"面板中用鼠标双击 bottom.html，打开 bottom.html 页面，执行"插入"→"表格"菜单命令，在文档中插入一个 1 行 1 列，宽为 810 像素的表格，设置其边框粗细、单元格边距和单元格间距均为 0，并在"属性"面板中将表格设置为"居中对齐"。如图 9-38 所示。

图　9-38

（24）在表格中输入文字，文字大小为 12 像素，颜色为灰色，并将文字设置为"右对齐"，然后将文档保存并关闭。

（25）在"文件"面板中，用鼠标双击"制作框架网页.html"，打开"制作框架网页.html"页面，然后按"F12"键预览，即可看到框架网页的完成效果。如图 9-39 所示。

图　9-39

第 10 章　表单的应用

使用表单能收集网站访问者的信息，比如会员注册信息、意见反馈等。表单的使用需要两个条件：一是描述表单的 HTML 源代码；二是处理访问者在表单中输入信息的服务器端应用程序脚本，比如 ASP、CGI 等。

10.1　表单概述

表单最重要的用途是和用户进行交互，所以表单需要有非常方便的用户界面。使用表单可以搜索来自用户的信息，从而达到进行交互的目的。每一个表单中都包含表单域和若干个表单元素，而所有的表单元素都要放在表单域中才会生效，表单元素包括文本域、密码域、单选按钮、复选项、弹出式菜单以及按钮等对象。

10.2　表单的创建及设置

10.2.1　创建表单

执行"插入>表单>表单"命令，或者在"插入"面板中切换至"表单"对象，然后单击
　表单　　　　　按钮，即可插入一个表单。这时候在文档中将出现一个红色虚线框，这个由红色虚线围成的区域就是表单域，各种表单对象都必须插入这个红色的虚线区域才能起作用，如图 10-1 所示。

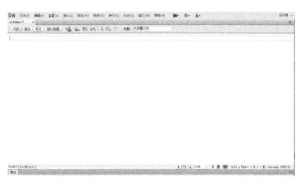

图　10-1

10.2.2　设置表单属性

将光标置于表单域中，可以在"属性"面板上设置表单的属性，如图 10-2 所示。

表单 ID：用来设置表单的名称。为了正确地处理表单，一定要给表单设置一个名称。

动作：用来设置处理表单的服务器端脚本的路径。如果希望该表单通过 E-mail 方式发送，而不被服务器端脚本处理，需要在"动作"后应填入"mailto:"和希望发送到的 E-mail 地址。

目标：该选项是用来设置表单被处理后，网页的打开方式，其中包括 5 个选项，如图 10-3 所示。

图　10-2　　　　　　　　　　　　　　　　　　图　10-3

_blank：表示目标文档将在新窗口中打开。

New：与_blank 类似，表示目标文档将在新窗口中打开。

_parent：表示网页将在父窗口中打开。

_self：表示网页将在原窗口中打开。

_top：表示网页将在顶层窗口里打开。

10.3　创建表单对象

Dreamweaver CS6 包含标准的表单对象，表单对象有文本域、文本区域、输入框、按钮、图像域、复选项及隐藏域、跳转菜单等。

10.3.1　创建文本域

文本域包括三种类型：单行文本域、多行文本域和密码域。

1．插入单行文本域

第 1 步：将光标放在表单中。

第 2 步：将"插入"面板中的插入对象切换为"表单"，然后单击 □ 文本字段 按钮，此时在光标处插入一个文本字段，如图 10-4 所示。

图　10-4

第 3 步：选中插入的文本字段，打开"属性"面板，在类型区域中选中"单行"单选项，如图 10-5 所示。

图　10-5

第 4 步：在插入的文本字段前输入文本，然后按"F12"键浏览网页，就可以在文本域中输入文本，如图 10-6 所示。

图　10-6

2．插入多行文本域

第 1 步：将光标放在表单中。

第 2 步：在"插入"面板中的"表单"对象中单击按钮 文本区域 ，此时可在光标处插入多行文本域，如图 10-7 所示。

图　10-7

第 3 步：选中插入的多行文本域，其"属性"面板如图 10-8 所示，在其中可对各项参数进行设置。

图　10-8

3．插入密码域

第 1 步：将光标放在表单中需要插入密码域的位置。

第 2 步：单击"插入"面板中"表单"对象的 文本字段 按钮，此时在光标处插入一个文本字段，如图 10-9 所示。

图　10-9

第 3 步：选中文本域，在"属性"面板的"类型"区域中，选择"密码"单选项，如图 10-10 所示。

图　10-10

10.3.2　创建单选按钮

单选按钮通常是多个一起使用，选中其中的某个按钮时，就会取消选择所有的其他按钮。创建单选按钮步骤如下。

输入相应的文字，将光标移至文字后，单击"表单"选项卡中的 单选按钮 按钮，如果需要插入几个单选按钮，可以单击该按钮几次。如图 10-11 所示。

图　10-11

10.3.3 制作单选按钮组

使用表单按钮可以插入表单，还可以使用单选按钮组按钮插入多个单选按钮效果。

1. 插入表单

（1）选择"文件/打开"菜单命令，在弹出的菜单中选择"Dw 10/10.3.3 制作单选按钮组效果/index.html"文件，如图 10-12 所示。

图 10-12

（2）将光标置入到单元格中，如图 10-13 所示，在"插入/表单"面板中单击"表单"按钮，如图 10-14 所示。

图 10-13 　　　　　　　　　　　　　　图 10-14

2. 插入单选按钮组

（1）将光标置入到表单中，如图 10-15 所示，在"插入/表单"面板中单击"单选按钮组"按钮，在弹出的"单选按钮组"对话框中添加如图 10-16 所示的内容，单击"确定"按钮完成设置，效果如图 10-17 所示。

（2）选中表格，如图 10-18 所示，将"属性"面板"宽"选项设为 300，如图 10-19 所示，效果如图 10-20 所示。

图 10-15 　　　　　　　　　　　　　　图 10-16

图　10-17

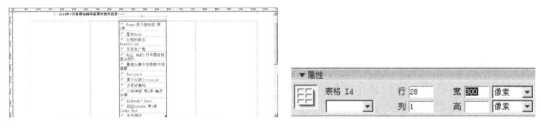

图　10-18　　　　　　　　　　　　　　　　　　　　图　10-19

图　10-20

（3）保存文档，按"F12"键，预览效果如图 10-21 所示。

图　10-21

10.3.4　创建复选框

复选框对每个单独的响应进行"关闭"和"打开"状态切换，因此用户可以从复选框组中选择多个复选项。

第 1 步：将光标放到表单中要插入复选框的位置。

第 2 步：单击"插入"面板中"表单"对象的 ☑ 复选框 按钮，即可插入一个复选框，若需要插入几个复选框，就单击该按钮几次，如图 10-22 所示。

第 3 步：选中复选框，在"属性"面板中可以对复选框的属性进行相应的设置。如图 10-23 所示。

图　10-22　　　　　　　　　　　　　　　　图　10-23

10.3.5　创建下拉菜单

下拉菜单使访问者可以从由多项组成的列表中选择一项。当空间有限，但需要显示多个菜单项时，下拉菜单非常有用。

第 1 步：将光标放在表单中需要插入下拉菜单的位置。

第 2 步：在"插入"面板中单击 选择（列表/菜单） 按钮，在光标处插入一个列表框，如图 10-24 所示。

图　10-24

第 3 步：选中插入的列表框，在属性面板的"类型"中选择"菜单"单选项，如图 10-25 所示。

图　10-25

第 4 步：单击 列表值… 按钮，打开如图 10-26 所示的对话框，将光标放在"项目标签"区域中后，输入要在该下拉菜单中显示的文本，在"值"区域中，输入用户选择该选项时将发送到服务器的数据。若要添加其他项，请单击 ✚ 按钮；若想删除项目，则可以单击 ━ 按钮。如图 10-27 所示就是在"列表值"对话框中添加项目的情形。

图　10-26　　　　　　　　　　　　　　　　图　10-27

第 5 步：设置完成后，单击 ⬜确定 按钮，创建的菜单显示在"初始化时选定"列表框
中，如图 10-28 所示。

10.3.6　创建表单按钮

使用表单按钮可以控制表单的操作，可以将表单数据提交到服务器。标准的表单按钮通
常带有"提交""重置"或"发送"等标签，还可以分配其他已经在脚本中定义的处理任务。

第 1 步：单击"插入"面板上的"表单"选项卡中的"按钮"。如图 10-29 所示。

图　10-28　　　　　　　　　　　　　　　　图　10-29

第 2 步：选中插入的按钮，其"属性"面板如图 10-30 所示。

第 3 步：在"值"文本框中输入显示在按钮上的文本。

第 4 步：在"动作"区域中，选择按钮的行为类型，包括"提交""重置"和"无"3 项。
如图 10-31 所示。

图　10-30　　　　　　　　　　　　　　　　图　10-31

10.3.7　创建图像域

在文档中可以使用指定的图像作为按钮图标，这样可以使页面看起来更美观，这就要用
到图像域。

第 1 步：单击"插入"菜单"表单"中的"图像域"命令，打开"选择图像源文件"对
话框，在对话框中任选一张图片文件，如图 10-32 所示。

第 2 步：选定图片后单击 确定 按钮，将图片插入到表单中，如图 10-33 所示。

图　10-32　　　　　　　　　　　　　　　　图　10-33

第 3 步：选中表单中插入的图像域，进入"属性"面板，在"替换"文本框中可以输入
图像的替换文字，若在浏览器中不显示图像时，将显示该替换文字，这里输入"萌萌的小猫"，
如图 10-34 所示。

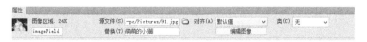

图　10-34

10.4　项目实训

10.4.1　项目实训一：制作会员注册表单

使用文本字段按钮、列表/菜单按钮、单选按钮、复选框按钮、提交按钮，可以制作会员注册表单效果。

1．插入表格和图片

（1）打开 Dreamweaver CS6 后，新建一个空白文档，新建页面的初始名称"Untitled-1"。选择"文件/保存"菜单命令，弹出"另存为"对话框。在"保存在"选项的下拉列表中，选择当前站点目录保存路径；在"文件名"选项的文本框中输入"index"，单击"保存"按钮，返回网页编辑。

（2）选择"修改/页面属性"菜单命令，弹出"页面属性"对话框，单击"分类"选项框中的"外观"选项，在"大小"选项的下拉列表中选择"12"，将"文本颜色"选项设为黑色，在"左边距""右边距""上边距"选项的文本框中均输入 0，将"下边距"选项设为 10，其他选项为默认值，如图 10-35 所示，单击"确定"按钮，完成网页属性的设置。

（3）在"插入/常用"面板中单击"表格"按钮 ▦，在弹出的"表格"对话框中进行设置，如图 10-36 所示，单击"确定"按钮，在"属性"面板"对齐"选项的下拉列表中选择"居中对齐"，使表格居中显示，效果如图 10-37 所示。

 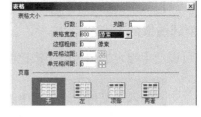

图　10-35　　　　　　　　　　　　　图　10-36

图　10-37

（4）将光标置入到第 1 行中，在"插入/常用"面板中单击"图像"按钮 ▣，在弹出的"选择图像源文件"对话框中，选择"Dw 10/10.4.1 制作会员注册表单/images"文件夹中的"1.jpg"，单击"确定"按钮完成图片的插入，效果如图 10-38 所示。

（5）将光标置入到第 2 行中，在"属性"面板"高"选项的文本框中输入 34，效果如图 10-39 所示。

图　10-38　　　　　　　　　　　　　图　10-39

（6）把光标置入第 3 行中，在"插入/常用"面板中单击"表格"按钮 ⊞，在弹出的"表格"对话框中进行设置，如图 10-40 所示，单击"确定"按钮，在"属性"面板"对齐"选项的下拉列表中择"居中对齐"，使表格居中显示，效果如图 10-41 所示。

图　10-40　　　　　　　　　　　图　10-41

（7）将光标置入到第 1 行中，在"属性"面板"高"选项的文本框中输入 20，选择"Dw 10/10.4.1 制作会员注册表单/images"文件夹中的图片"a-04.jpg"插入到该行，并在该图片的后面输入文字，"加粗"按钮 **B**，效果如图 10-42 所示。

（8）将光标置入到第 2 行中，在"插入/表单"面板中单击"表单"按钮 ▭，在当前单元格中插入一个表单。在表单区域中置入光标，在"插入/常用"面板中单击"表格"按钮 ⊞，在弹出的"表格"对话框中进行设置，如图 10-43 所示，单击"确定"按钮，效果如图 10-44 所示。

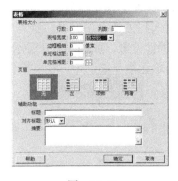

图　10-42　　　　　　　　　　　图　10-43

（9）选择"窗口/CSS 样式"菜单命令，弹出"CSS 样式"面板，单击面板下方的"新建 CSS 规则"按钮 🔁，弹出"新建 CSS 规则"对话框，在对话框中进行设置，如图 10-45 所示，单击"确定"按钮。

图　10-44　　　　　　　　　　　图　10-45

（10）弹出".tableline 的 CSS 规则定义"对话框，选择"分类"选项框中的"边框"选项，在"样式"选项的下拉列表中选择"实线"，在"宽度"选项的文本框中输入 1，将颜色设为灰色（#CCCCCC），如图 10-46 所示，单击"确定"按钮完成边框样式的设置。

（11）选择新插入的表格，如图 10-47 所示。在"属性"面板"类"选项的下拉列表中选择样式"tableline"，表格效果如图 10-48 所示。

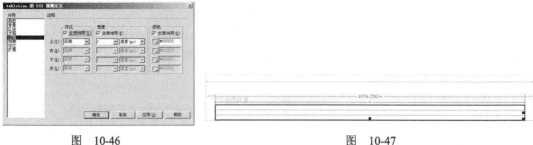

图 10-46   图 10-47

（12）将光标置入到第 1 行中，将"属性"面板"高"选项设为 23，"背景颜色"选项高为深灰色（#C6C7C6）。将光标置入到第 3 行中，将"属性"面板"高"选项设为 30，"背景颜色"选项高为浅灰色（#EFEBEF），效果如图 10-49 所示。

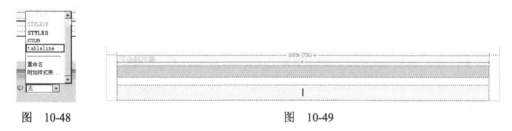

图 10-48   图 10-49

2．编辑表格并输入文字

（1）将光标置入到第 2 行中，在"插入/常用"面板中单击"表格"按钮 ，在弹出的"表格"对话框中进行设置，如图 10-50 所示，单击"确定"按钮，效果如图 10-51 所示。

（2）将第 1 列单元格全部选中，在"属性"面板"高"选项的数值框中输入 40，"垂直"选项设为"右对齐"，如图 10-52 所示。

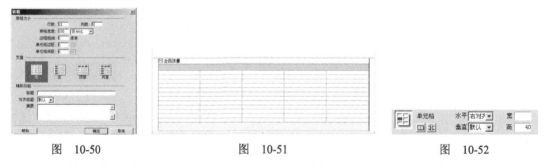

图 10-50   图 10-51   图 10-52

（3）用相同的方法，将第 1 行第 1 列"宽"选项设为 26%，第 2 列"宽"选项设为 3%，第 3 列"宽"选项设为 36%，第 1 行第 4 列"宽"选项设为 4%，第 1 行第 5 列"宽"选项设为 31%，效果如图 10-53 所示。

图 10-53

（4）将第 1 行单元格合并，插入"请注意：带有　的项目必须填写"如图 10-54 所示。

将光标置入文字"带有"后面，选择"Dw 10/10.4.1 制作会员注册表单 images"文件夹中的"a_08.jpg"插入，效果如图 10-55 所示。

图　10-54　　　　　　　　　　　　　　　图　10-55

（5）用相同的方法，在其他单元格中插入图片并输入文字，效果如图 10-56 所示。

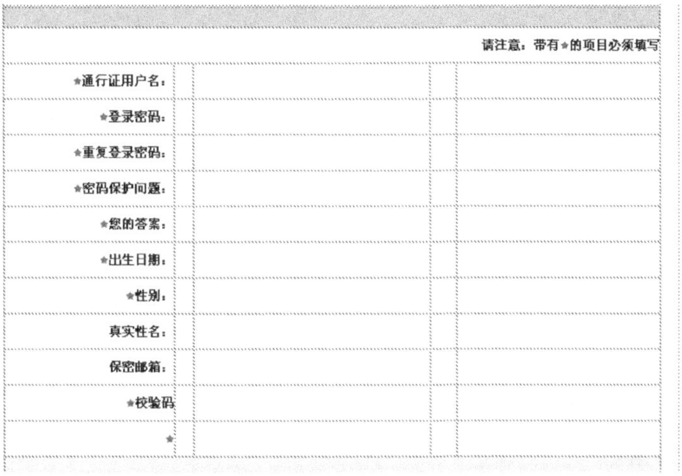

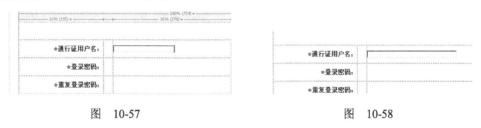

图　10-56

3．插入文本字段

（1）将光标置入第 2 行第 3 列中，在"插入/表单"面板中单击"文本字段"按钮 🔲，在单元格中插入文本字段，如图 10-57 所示，选中文本字段，在"属性"面板中将"字符宽度"选项设为 30，如图 10-58 所示。

图　10-57　　　　　　　　　　　　　　　图　10-58

（2）用相同的方法，在其他单元格中插入文本字段，设置适当的字符宽度，效果如图 10-59 所示。

（3）将表格的第 3 行第 5 列和第 4 行第 5 列单元格合并，在"插入/常用"面板中单击"表格"按钮 ▦，在弹出的"表格"对话框中进行设置，如图 10-60 所示，单击"确定"按钮，效果如图 10-61 所示。

（4）将光标置入到表格中，将"属性"面板"高"选项设为 60，"背景颜色"选项设为浅灰色（#EFEFEF），表格中输入文字，效果如图 10-62 所示。用相同的方法制作出如图 10-63

所示的效果。

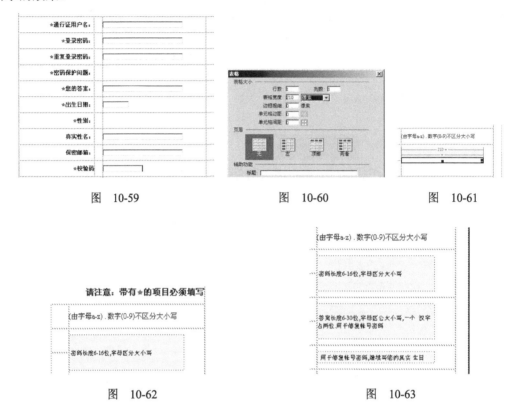

图 10-59   图　10-60   图　10-61

图　10-62   图　10-63

4．插入列表菜单

（1）将光标置入到第 5 行第 3 列中，选择"插入/表单"面板中的"列表/菜单"按钮，插入列表菜单，如图 10-64 所示。

（2）在"属性"面板中单击"列表值"按钮，弹出"列表值"对话框，在对话框中添加如图 10-65 所示的内容，添加完成后单击"确定"按钮。

图　10-64   图　10-65

（3）在"属性"面板中将"请选择一个问题"选项设置为初始化时选定的项，如图 10-66 所示。在第 7 行第 3 列文本字段的后面输入文字，如图 10-67 所示。

（4）将光标置入到文字"月"前面，选择"插入/表单"面板中的"列表/菜单"按钮，插入列表菜单，如图 10-68 所示。

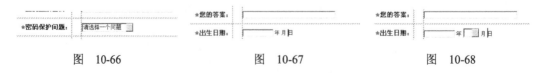

图　10-66   图　10-67   图　10-68

（5）在"属性"面板中单击"列表值"按钮，弹出"列表值"对话框，在对话框中添加如图 10-69 所示的内容，添加完成后单击"确定"按钮。

（6）用相同的方法，在文字"日"的前面插入列表/菜单，制作出如图 10-70 所示的内容。

5．插入单选按钮和复选框

（1）将光标置入到文字"性别:"后面的单元格，在"插入/表单"面板中单击"单选按钮"按钮 ，插入一个单选按钮，效果如图 10-71 所示。

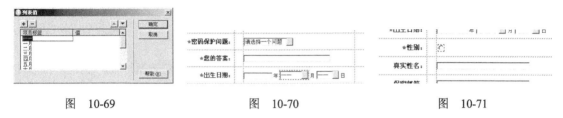

图　10-69　　　　　　　图　10-70　　　　　　　图　10-71

（2）在"属性"面板中勾选"已勾选"单选项，并在单选按钮后面输入文字"男"，效果如图 10-72 所示。用相同的方法，再次插入一个单选按钮并输入文字"女"，效果如图 10-73 所示。

图　10-72　　　　　　　　　　　图　10-73

（3）将光标置入到第 12 行第 3 列中，在"插入/表单"面板中单击"复选框"按钮，在单元格中插入复选框，在"属性"面板中勾选"已勾选"单选项，效果如图 10-74 所示。在复选框的后面输入文字，效果如图 10-75 所示。

图　10-74　　　　　　　　　　　图　10-75

6．插入提交按钮

（1）在第 11 行第 3 列文本字段的后面，分别输入红色（#FF0000）和绿色（#OOFFOO）文字，效果如图 10-76 所示。

（2）将光标置入到第 11 行第 5 列中，在"插入/表单"面板中单击"按钮" 按钮，插入一个提交按钮，效果如图 10-77 所示。

图　10-76　　　　　　　　　　　图　10-77

（3）选择提交按钮，在"属性"面板中将"值"选项设为"换一个校验码"，如图 10-78 所示，按钮效果如图 10-79 所示。

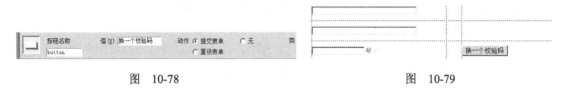

图　10-78　　　　　　　　　　　　　　　图　10-79

（4）将光标置入到主表格的第 3 行中，在"属性"面板中将"水平"选项设为"居中对齐"，将"垂直"选项设为"居中"，如图 10-80 所示。

（5）在"插入/表单"面板中单击"按钮" □，插入一个提交按钮，在"属性"面板中将"值"选项设为" 会员注册"，效果如图 10-81 所示。

图　10-80　　　　　　　　　　　　　　　图　10-81

（6）保存文档，按"F12"键，预览效果如图 10-82 所示。

图　10-82

10.4.2　项目实训二：制作大型购物中心订单页面

使用插入文本字段、单选按钮、复选框按钮、文件域按钮和提交按钮，可以制作大型购物中心订单页面效果。

1．插入表格和图片

（1）选择"文件/打开"菜单命令，在弹出的菜单中选择"Dw 10/10.4.2 制作大型购物中心订单页面 index.html"文件，如图 10-83 所示。

（2）将光标置入到单元格中，如图 10-84 所示。在"插入/常用"面板中单击"表格"按钮 ⊞，在弹出的"表格"对话框中进行设置，如图 10-85 所示，单击"确定"按钮，效果如图 10-86 所示。

図　10-83　　　　　　　　　　　　　　　　　図　10-84

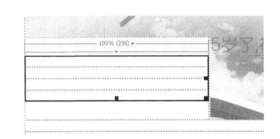

図　10-85　　　　　　　　　　　　　　　　　图　10-86

（3）将光标置入到第 1 行中，在"插入/常用"面板中单击"表格"按钮，在弹出的"表格"对话框中进行设置，如图 10-87 所示，单击"确定"按钮，在"属性"面板中选择"水平"选项下拉列表中的"右对齐"，效果如图 10-88 所示。

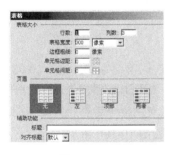

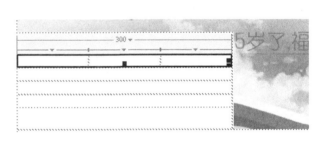

図　10-87　　　　　　　　　　　　　　　　　图　10-88

（4）将光标置入到第 1 列中，在"插入/常用"面板中单击"图像"按钮，在弹出的"选择图像源文件"对话框中，选择"Dw 10/10.4.2 制作大型购物中心订单页面/images"文件夹中的"ing_03.jpg"，如图 10-89 所示，单击"确定"按钮，效果如图 10-90 所示。

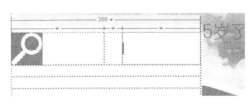

図　10-89　　　　　　　　　　　　　　　　　图　10-90

（5）用相同的方法将"ing_05.jpg"插入到第 3 列中，效果如图 10-91 所示。将光标置入到第 2 列中，在"属性"面板中，将"宽"选项设为 185，"背景颜色"设为白色（##FFFFFF），如图 10-92 所示，效果如图 10-93 所示。

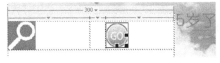

图 10-91　　　　　　　　　　　　　　　　图 10-92

2．设置表格

（1）在第 2 列中输入文字，如图 10-94 所示。在"插入表单"面板中单击"文本字段"按钮，在文字的后面插入文本字段，如图 10-95 所示。

图 10-93　　　　　　　　　图 10-94　　　　　　　　　图 10-95

（2）选中文字后面的文本字段，在"属性"面板中将"字符宽度"选项设为 10，如图 10-96 所示，效果如图 10-97 所示。

图 10-96　　　　　　　　　　　　　　图 10-97

（3）将光标置入到第 2 行中，在"属性"面板中，将"高"选项设为 30，如图 10-98 所示。

图 10-98

（4）将光标置入到第 3 行中，在"插入/常用"面板中单击"表格"按钮，在弹出的"表格"对话框中进行设置，如图 10-99 所示，单击"确定"按钮，效果如图 10-100 所示。

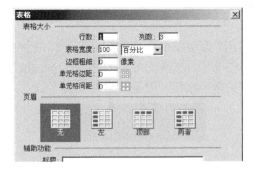

图 10-99　　　　　　　　　图 10-100

（5）将光标置入到第 2 列中，在"插入/常用"面板中单击"图像"按钮，在弹出的"选择图像源文件"对话框中，选择"Dw 10/10.4.2 制作大型购物中心订单页/images"文件夹中的"ing_09.jpg"，如图 10-101 所示，单击"确定"按钮，效果如图 10-102 所示。

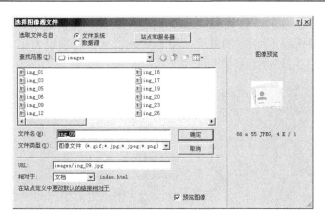

图　10-101

（6）将光标置入到第 2 列中，在"属性"面板中，将"宽"选项设为 64，如图 10-103 所示。

（7）将光标置入到第 3 列中，在"属性"面板中，将"宽"选项设为 200，如图 10-104 所示，效果如图 10-105 所示。

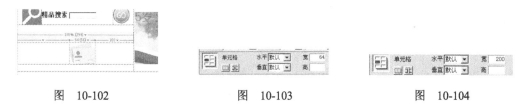

图　10-102　　　　　　　　　　图　10-103　　　　　　　　　　图　10-104

（8）在第 3 列单元格中输入文字，并单击"属性"面板中的"加粗"按钮 **B**，效果如图 10-106 所示。

图　10-105　　　　　　　　　　图　10-106　　　　　　　　　　图　10-107

（9）将光标置入到第 4 行，将"属性"面板"高"选项设为 10，如图 10-107 所示，在"拆分"视图窗口中选中该单元格的" "标签，如图 10-108 所示，按"Delete"键删除该标签，效果如图 10-109 所示。

（10）将光标置入到单元格中，如图 10-110 所示，在"插入/常用"面板中单击"表格"按钮 ，在弹出的"表格"对话框中进行设置，如图 10-111 所示，单击"确定"按钮，在"属性"面板中选择"对齐"选项下拉列表中的"居中对齐"，如图 10-112 所示。

图　10-108　　　　　　　　　　图　10-109　　　　　　　　　　图　10-110

（11）分别将第 2 行、第 4 行、第 6 行的单元格合并，效果如图 10-113 所示。

（12）将光标置入到第 1 行第 1 列中，在"属性"面板"水平"选项的下拉列表中选择

"居中对齐","垂直"选项的下拉列表中选择"居中",将"宽"选项设为 116,"高"选项设为 44,如图 10-114 所示。用相同的方法,将第 2 列"宽"选项设为 12,第 3 列"宽"选项设为 572,效果如图 10-115 所示。

图　10-111

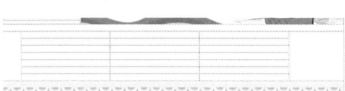

图　10-112

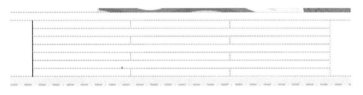

图　10-113

图　10-114

（13）将光标置入到第 1 行第 1 列中,在"属性"面板中单击"背景"选项右侧的"浏览文件"按钮,弹出"选择图像源文件"对话框,选择"Dw 10/10.4.2 制作大型购物中心订单页面/images"文件夹中选择图片"ing_12.jpg",单击"确定"按钮,为单元格添加背景图像,效果如图 10-116 所示。

图　10-115

图　10-116

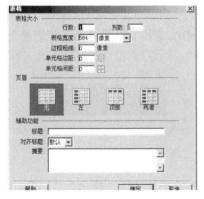

图　10-117

（14）将光标置入到第 2 行中,在"属性"面板中,选择"水平"选项下拉列表中的"右对齐",在"插入/常用"面板中单击"表格"按钮,在弹出的"表格"对话框中进行设置,如图 10-117 所示,单击"确定"按钮,效果如图 10-118 所示。

（15）将光标置入第 2 行单元格中,在"属性"面板中单击"背景"选项右侧的"浏览文件"按钮,弹出"选择图像源文件"对话框,选择"Dw 10/10.4.2 制作大型购物中心订单页面/images"文件夹中的图片"ing_26.jpg",单击"确定"按钮,为单元格添加背景图像,效果如图 10-119所示。

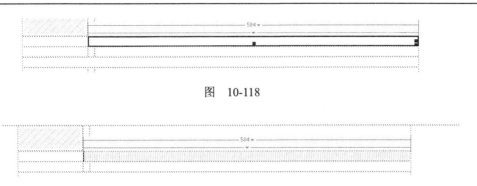

图　10-118

图　10-119

（16）将"属性"面板"高"选项设为 3，如图 10-120 所示，在"拆分"视图窗口中选中该单元格的" "标签，如图 10-121 所示，按"Delete"键，删除该标签。

图　10-120　　　　　　　　　　　　　　　　　　　　　图　10-121

（17）用相同的方法制作其他单元格，效果如图 10-122 所示。将光标置入到第 7 行第 1 列中，在"属性"面板中将"水平"选项设为"左对齐"，将"垂直"选项设为"顶端"，使光标置于单元格的左上方。

图　10-122

（18）在"插入/常用"面板中单击"表格"按钮，在弹出的"表格"对话框中进行设置，如图 10-123 所示，单击"确定"按钮，效果如图 10-124 所示。

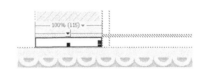

图　10-123　　　　　　　　　　　　　　　　　图　10-124

（19）将光标置入到表格中，在"属性"面板"水平"选项的下拉列表中选择"居中对齐"，"垂直"选项的下拉列表中选择"居中"，将"高"选项设为 44，将"ing_12.jpg"设为该单元格的背景图像，效果如图 10-125 所示。分别在单元格中输入绿色（#12565e）文字，效果如图 10-126 所示。

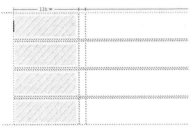　　　　　　　　　　　　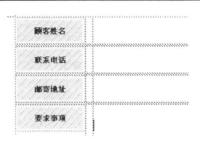

图　10-125　　　　　　　　　　　　图　10-126

3．插入文本字段和文本区域

（1）将光标置入到第 1 行第 3 列中，在"属性"面板中将"水平"选项设为"左对齐"，在"插入/表单"面板中单击"文本字段"按钮，在文字的后面插入文本字段，如图 10-127 所示。

图　10-127

（2）选中文字后面的文本字段，在"属性"面板中将"字符宽度"选项设为 15，"最多字符数"选项设为 6，如图 10-128 所示，效果如图 10-129 所示。

图　10-128　　　　　　　　　　　　图　10-129

（3）将光标置入到第 3 行第 3 列中，在"属性"面板中将"水平"选项设为"左对齐"，在"插入/表单"面板中单击"文本字段"按钮，在文字的后面插入文本字段，如图 10-130 所示，在"属性"面板中将"字符宽度"选项设为 13，"最多字符数"选项设为 12，如图 10-131 所示。

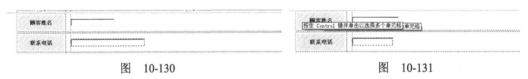

图　10-130　　　　　　　　　　　　图　10-131

（4）将光标置入到第 5 行第 3 列中，在"属性"面板中将"水平"选项设为"左对齐"，在"插入/表单"面板中单击"文本字段"按钮，在文字的后面插入文本字段，在"属性"面板中将"字符宽变"选项设为 40，效果如图 10-132 所示。

（5）将光标置入到第 7 行第 3 列中，在"属性"面板中将"水平"选项设为"左对齐"，在"插入/表单"面板中单击"文本区域"按钮，在文字的后面插入文本区域，在"属性"面板中将"字符宽变"选项设为 40，效果如图 10-133 所示。

4．使用复选框和单选框按钮制作选择项

（1）选中如图 10-134 所示的表格，按键盘上方向键中的向右键，使光标与表格并排显示。

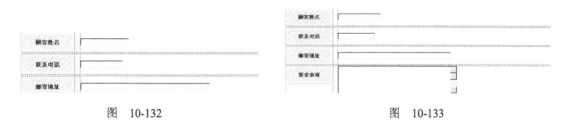

図　10-132　　　　　　　　　　　　　　図　10-133

（2）在"插入/常用"面板中单击"表格"按钮 ，在弹出的"表格"对话框中进行设置，如图 10-135 所示，单击"确定"按钮，效果如图 10-136 所示。

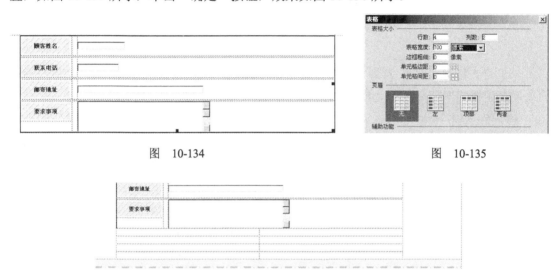

図　10-134　　　　　　　　　　　　　　図　10-135

図　10-136

（3）分别将第 2 行和第 4 行单元格合并，效果如图 10-137 所示。

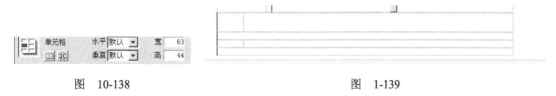

図　10-137

（4）将光标置入到第 I 行第 1 列中，在"属性"面板中将"宽"选项设为 63，"高"选项设为 44，如图 10-138 所示。用相同的方法，将第 2 列"宽"选项设为 637，效果如图 10-139 所示。

図　10-138　　　　　　　　　　　　　　図　1-139

（5）将光标置入到第 1 行第 1 列中，在"插入/常用"面板中单击"图像"按钮 ，在弹出的"选择图像源文件"对话框中，选择"Dw 10/10.4.2 制作大型购物中心订单页面/images"文件夹中的"ing_16.jpg"，如图 10-140 所示，单击"确定"按钮，完成图片的插入，效果如图 10-141 所示。

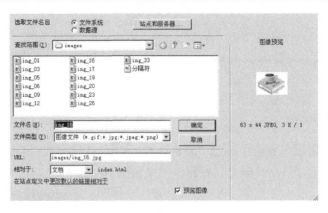

图 10-140

（6）将光标置入到第 2 列中，在"属性"面板中将"水平"选项设为"左对齐"，输入文字，并单击"属性"面板中的"加粗"按钮 **B**，效果如图 10-142 所示。

图 10-141   图 10-142

（7）将光标置入到第 2 行中，在"插入/常用"面板中单击"表格"按钮，在弹出的"表格"对话框中进行设置，如图 10-143 所示，单击"确定"按钮，效果如图 10-144 所示。

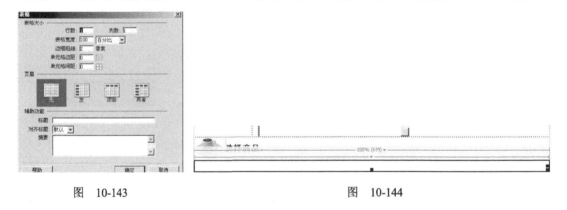

图 10-143   图 10-144

（8）保持表格的选取状态，在"属性"面板中，将"边框颜色"选项设为灰色\（#D4D0C8），如图 10-145 所示，效果如图 10-146 所示。

图 10-145   图 10-146

（9）将光标置入到表格中，在"插入/常用"面板中单击"表格"按钮，在弹出"表格"对话框的"行数"及"列数"选项文本框里均输入数值 1，"表格宽度"选项的文本框中输入数值 100，并在右侧的下拉列表中选择"百分比"，"边框粗细"选项的文本框中输入数值 1，单击"确定"按钮，效果如图 10-147 所示。

（10）保持表格的选取状态，在"属性"面板中，将"边框颜色"选项设为白色（#FFFFFF），如图 10-148 所示。

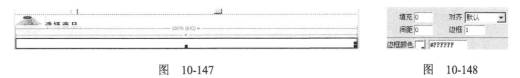

图　10-147　　　　　　　　　　　　　　　　　　图　10-148

（11）将光标置入到单元格中，在"插入/常用"面板中单击"表格"按钮 ，在弹出的"表格"对话框中进行设置，如图 10-149 所示，单击"确定"按钮，在"属性"面板中，将"背景颜色"选项设为青色（#dle8e5），效果如图 10-150 所示。

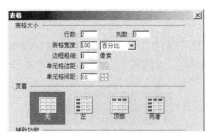

图　10-149　　　　　　　　　　　　　　　　　　图　10-150

（12）用相同的方法制作出如图 10-151 所示的效果。将光标置入到单元格中，如图 10-152 所示。

（13）在"插入/表单"面板中，单击"复选框"按钮✓，在单元格中插入复选框，如图 10-153 所示。

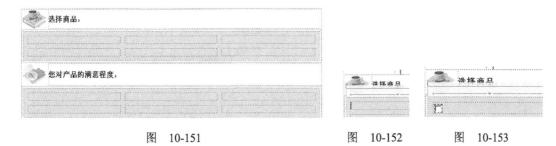

图　10-151　　　　　　　　　　　　　图　10-152　　　　图　10-153

（14）在"属性"面板中勾选"已勾选"单选项，如图 10-154 所示，效果如图 10-155 所示。

图　10-154　　　　　　　　　　　　　　　　　　图　10-155

（15）在复选框的后面输入大小为 13 的文字，并单击"属性"面板中的"加粗"按钮 **B**，效果如图 10-156 所示。用相同的方法在其他单元格中插入复选框，并输入大小相同的文字，效果如图 10-157 所示。

（16）将光标置入到单元格中，如图 10-158 所示。在"插入/表单"面板中单击"单选按钮" ◉，插入一个单选按钮，效果如图 10-159 所示。

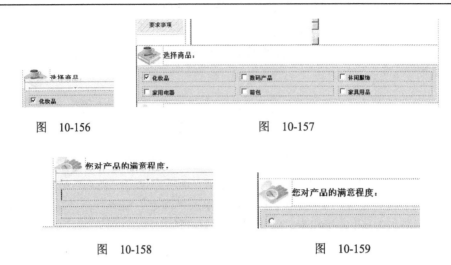

图　10-156　　　　　　　　　　　　　图　10-157

图　10-158　　　　　　　　　　　　　图　10-159

（17）在单选按钮的后面输入大小为 13 的文字，并单击"属性"面板中的"加粗"按钮 **B**，效果如图 10-160 所示。用相同的方法在其他单元格中插入单选按钮，并输入大小相同的文字，效果如图 10-161 所示。

图　10-160　　　　　　　　　　　　　图　10-161

5. 添加文件域和提交按钮

（1）选中如图 10-162 所示的表格，按键盘上方向键中的向右键，使光标与表格并排显示。

（2）在"插入/常用"面板中单击"表格"按钮 田，在弹出的"表格"对话框中进行设置，如图 10-163 所示，单击"确定"按钮，效果如图 10-164 所示。

图　10-162　　　　　　　　　　　　　图　10-163

（3）将光标置入到第 1 列中，在"属性"面板中，将"高"选项设为 63，"宽"选项设为 52，如图 10-165 所示，效果如图 10-166 所示。

图　10-164　　　　　　　　　　　　　图　10-165

（4）选择"Dw 10/10.4.2 制作大型购物中心订单页面/images"文件夹中的图片"ing_

23.jpg"插入到该列，效果如图 10-167 所示。

图　10-166　　　　　　　　　　　　　　　图　10-167

（5）在第 2 列中输入文字，并单击"属性"面板中的"加粗"按钮 **B**，在"属性"面板中将"水平"选项设为"左对齐"，效果如图 10-168 所示。

（6）在文字的后面置入光标，在"插入/表单"面板中单击"文件域"按钮，在文字的后面插入一个文件域，效果如图 10-169 所示。

图　10-168　　　　　　　　　　　　　　　图　10-169

（7）选中如图 10-170 所示的表格，按键盘上方向键中的向右键，使光标与表格并排显示。

（8）在"插入/常用"面板中单击"表格"按钮，在弹出的"表格"对话框中进行设置，如图 10-171 所示，单击"确定"按钮，效果如图 10-172 所示。

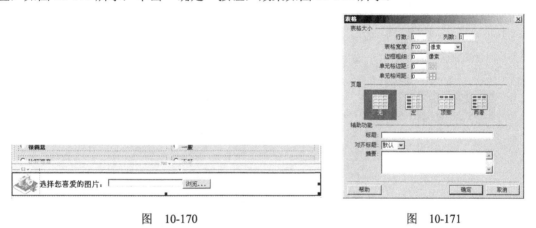

图　10-170　　　　　　　　　　　　　　　图　10-171

（9）将光标置入到单元格中，在"属性"面板中单击"背景"选项右侧的"浏览文件"按钮，弹出"选择图像源文件"对话框，选择[Dw 10/10.4.2 制作大型购物中心订单页面/images"文件夹中选择图片"ing_26.jpg"，单击"确定"按钮，为单元格添加背景图像，效果如图 10-173 所示。

图　10-172　　　　　　　　　　　　　　　图　10-173

（10）将"属性"面板"高"选项设为 3，如图 10-174 所示，在"拆分"视图窗口中，选中该单元格的" "标签，如图 10-175 所示，按"Delete"键，删除该标签。

（11）将光标置入到插入"文本域"下方的单元格中，如图 10-176 所示，在"属性"面板中将"水平"选项设为"居中对齐"，将"垂直"选项设为"居中"。

图　10-174　　　　　　　　　　　　　　　图　10-175

（12）在"插入/表单"面板中单击两次"按钮" □，插入两个提交按钮，效果如图 10-177 所示。

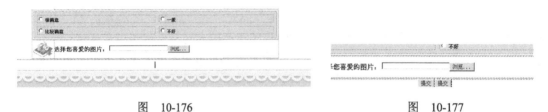

图　10-176　　　　　　　　　　　　　　　图　10-177

（13）将光标置入到两个按钮之间，选择"编辑/首选参数"菜单命令，在"首选参数"对话框左侧的分类列表中选择"常规"选项，在右侧的"编辑选项"中选择"允许多个连续的空格"复选框，如图 10-178 所示，单击"确定"按钮完成设置。

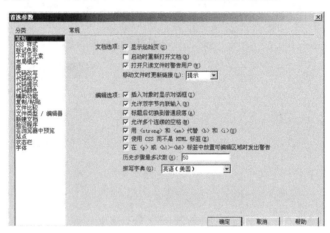

图　10-178

（14）多次按空格键，效果如图 10-179 所示。选中第 2 个提交按钮，在"属性"面板中勾选"重设表格"单选项，如图 10-180 所示，按钮效果如图 10-181 所示。

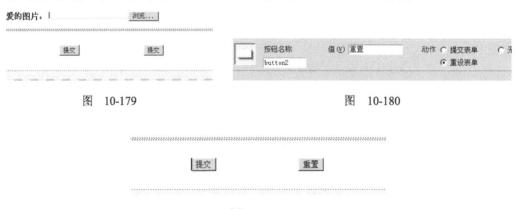

图　10-179　　　　　　　　　　　　　　　图　10-180

图　10-181

（15）订购单制作完成，保存文档，按"F12"键，预览效果如图 10-182 所示。

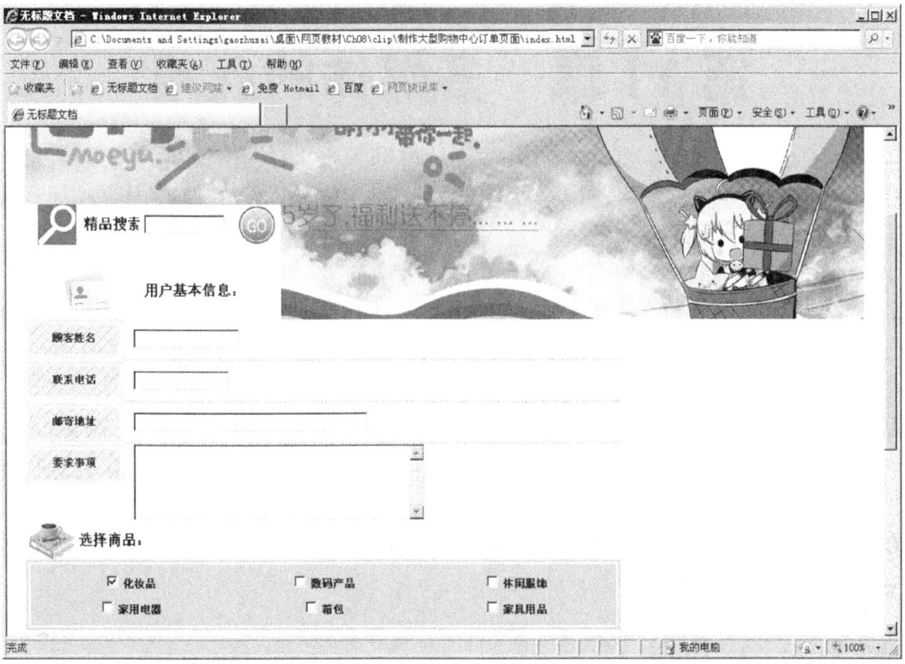

图　10-182

第 11 章　多媒体的应用

随着网络的迅速发展，多媒体在网络中逐步占据了很大的比例，并且出现许多专业性的多媒体网站，如课件网、音乐网、电影网、动画网等，这些网站的核心内容都属于多媒体的范围。除了专业网站外，许多企业、公司的网站中多少都有一些 Flash 动画、公司的宣传视频等。大型门户网站也有专门的版块放置多媒体供访问者使用。

有了文字和图像，网页还不能做到有声有色。只有适当地加入各种对象，网页才能够成为多媒体的呈现平台，甚至是交互平台。多媒体的英文单词是 Multimedia，它由 media 和 multi 两部分组成，一般理解为多种媒体的综合。

多媒体技术不是各种信息媒体的简单复合，它是一种把文本（Text）、图像（Images）、动画（Animation）和声音（Sound）等形式的信息结合在一起，并通过计算机进行综合处理和控制，能支持完成一系列交互式操作的信息技术。

在 Dreamweaver CS6 中，可以将 Flash 动画、声音文件，以及视频等多媒体对象插入到网页文件中。

11.1　插入 Flash 动画

11.1.1　认识 Flash 动画

图　11-1

Flash 是矢量化的 Web 交互式动画制作工具，Flash 动画制作技术已经成为交互式网络矢量图形动画制作的标准。在网页中插入 Flash 动画会使页面充满动感，插入 Flash 的具体操作步骤如下。

（1）在"文档"窗口中，将光标放到要插入 Flash 动画的位置。

（2）执行"插入"→"媒体"→"SWF"菜单命令或按快捷键"Ctrl+Alt+F"，打开"选择文件"对话框，如图 11-1 所示。

（3）将"Dw 11/11.1 插入 Flash 动画/11.1.1 认识 Flash 动画/baiyech.swf"动画，插入到文档中。如图 11-2 所示。

（4）保存文件，按"F12"预览动画，此时动画会自动播放。如图 11-3 所示。

图　11-2

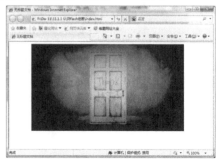

图　11-3

选中插入的 Flash 动画对象，进入"属性"面板，如图 11-4 所示，可以设置各项参数。

图 11-4

在"属性"面板中各项参数的属性如下。

名称：为动画对象设置名称，以便在脚本中识别，在"名称"文本框中可以为该动画输入标识名称。

宽/高：制定动画对象区域的宽度和高度，以控制其显示区域。

文件：指定 Flash 动画文件的路径及文件名，可以直接在文本框中输入动画文件的路径及文件名，也可以单击 🗀 图标进行选择。

背景颜色：确定 Flash 动画区域的背景颜色。动画不播放（载入时或播放后）的时候，该背景颜色也会显示。

循环：使动画循环播放。

自动播放：当网页载入时自动播放动画。

垂直边距/水平边距：指定动画上、下、左、右边距。

品质：设置质量参数，有"低品质""自动低品质""自动高品质"和"高品质"这4个选项。

比例：设置缩放比例，有"默认""无边框"和"严格匹配"这3个选项。

对齐：确定 Flash 动画在网页中的对齐方式。

Wmode:设置 Flash 动画是否透明。

▶ 播放 ：单击该按钮可以看到 Flash 动画的播放效果。

参数… ：单击该按钮，打开"参数"对话框，在其中可以输入传递给 Flash 动画的其他参数。

11.1.2 制作"古色古香"的网页

本例制作一个古色古香的网页，实例效果如图 11-5 所示。具体操作步骤如下。

（1）新建一个网页文件，在"标题"文本框中输入："古色古香"，如图 11-6 所示。

（2）执行"插入"→"表格"命令，插入一个 4 行 1 列、宽度设为 800 像素的表格，并在"属

图 11-5

性"面板将其对齐方式设置为"居中对齐"，"填充"和"间距"设置为 0。如图 11-7 所示。

图 11-6 　　　　　　　　　　　图 11-7

（3）将光标置于表格第 1 行单元格中，进入"属性"面板，将该单元格的高度设置为 19 像素。

（4）将光标置于表格第 2 行单元格中，执行"插入"→"媒体"→"SWF"菜单命令，打开"选择 SWF"对话框，在对话框中插入"Dw 11/11.1 插入 Flash 动画/11.1.2 制作古色古

香的网页/images/flash3246.swf"文件。如图 11-8 所示。

（5）完成后单击"确定"按钮，将选择的 Flash 动画插入到第 2 行中，将其宽度设置为800 像素，高度设置为 400 像素。如图 11-9 所示。

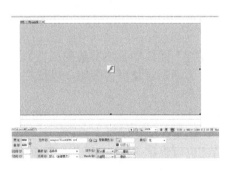

图　11-8　　　　　　　　　　　　　　图　11-9

（6）将表格第 3 行单元格的高度设置为 46 像素，然后将"Dw 11/11.1 插入 Flash 动画/11.1.2制作古色古香的网页/images/enter.gif"图像插入到单元格中，并将其设置为"居中对齐"。

（7）将第 4 行单元格高度设置为 61 像素，然后在单元格中输入文本，文本大小为 12 像素，颜色为黑色，并将其设置为相对于单元格"居中对齐"，如图 11-10 所示。

（8）单击"属性"面板上的"页面属性"按钮，打开"页面属性"对话框，为网页设置"Dw11/11.1 插入 Flash 动画/11.1.2 制作古色古香的网页/images/bg.gif"背景图像，如图 11-11 所示。

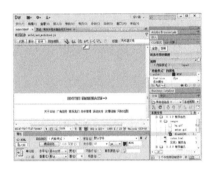

图　11-10　　　　　　　　　　　　　图　11-11

图　11-12

（9）执行"文件"→"保存"菜单命令，保存文档，然后按"F12"键预览网页。如图 11-12所示。

11.2　为网页添加音频

11.2.1　插入声音

制作与众不同、充满个性的网站，一直都是网站制作者不懈努力的目标。除了尽量提高页面的视觉效果、互动功能以外，如果打开网页的同时，能够听到一曲优美动人的音乐，相信这会使网站增色不少。为网页添加背景音乐的具体操作步骤如下。

（1）用 Dreamweaver CS6 打开需要添加背景音乐的页面，切换到代码视图。

（2）在<body></body>代码之间输入<bgsound，如图 11-13 所示。

（3）在<bgsound 代码后按空格键，代码提示框会自动将 bgsound 标签的属性列出来供用户选择，bgsound 标签共有 5 个属性，如图 11-14 所示。

图 11-13　　　　　　　　　　　　　　图 11-14

其中，balance 是设置音乐左右均衡；delay 是进行播放延时的设置；loop 是循环次数的控制；src 是音乐文件的路径；volume 是音量设置。一般在添加背景音乐时，只需设置几个主要的参数就可以了，最后的代码如下。

```
<bgsound src="music.mid" loop="-1" />
```

其中，loop="-1"表示音乐无限循环播放，如果要设置播放次数，则改为相应的数字即可。

（4）按 F12 键浏览网页，就能听见悦耳动听的背景音乐了。

11.2.2　制作音乐播放网页

本例的网页完成效果如图 11-15 所示。

（1）新建一个网页文件，在"标题"文本框中输入"音乐播放"，如图 11-16 所示。

（2）执行"插入"→"表格"菜单命令，插入一个 3 行 1 列、宽度为 600 像素的表格，并在"属性"面板中将表格对齐方式设置为"居中对齐"，把"填充"和"间距"都设置为 0。如图 11-17 所示。

图 11-15

图 11-16　　　　　　　　　　　图 11-17

（3）将光标置于表格第 1 行中，执行"插入"→"图像"菜单命令，在表格中插入"Dw 11/11.2 制作音乐播放网页/images/b01.jpg"图像，如图 11-18 所示。

（4）将表格第 2 行单元格高度设置为 40，居中对齐，然后输入文字"现在播放两只老虎"。如图 11-19 所示。

（5）插入音乐"Dw 11/11.2 制作音乐播放网页/images/1.mp3"：将光标置于表格第 3 行中，单击"代码"按钮，切换到代码视图，在<body>和</body>之间输入<embed src="images/

1.mp3" width="600"　type="audio/x-pn-realaudio-plugin" height="120" autostare="falsh"></embed>，
如图 11-20 所示。

图　11-18　　　　　　　　　　　　　　　　图　11-19

图　11-20

（6）单击"设计"按钮，返回设计视图，即可看到网页中插入了一个音乐播放器，如图
11-21 所示。

（7）保存页面，并按 F12 浏览网页，效果如图 11-22 所示。

图　11-21　　　　　　　　　　　　　　　　图　11-22

11.3　插入 FLV 视频

11.3.1　认识 FLV 视频

FLV 是 Flash Video 的简称，FLV 流媒体的格式是随着 Flash 的发展而出现的视频格式，

由于它形成的文件极小，加载速度极快，所以许多在线视频网站都采用此视频格式。

FLV 是一种全新的流媒体视频格式，它利用网页上广泛使用的 Flash Player 平台，将视频整合到 Flash 动画中，也就是说，网站的访问者只要能看到 Flash 动画，自然也能看到 FLV 格式视频，而无需再额外安装其他视频插件，FLV 视频的使用给视频传播带来了极大便利。

在 Dreamweaver CS6 中，可以非常方便地在网页中插入 FLV 视频，执行"插入"→"媒体"→"FLV"菜单命令，打开如图 11-23 所示的"插入 FLV"对话框，在对话框中进行设置后，单击"确定"按钮可以插入 FLV 视频。

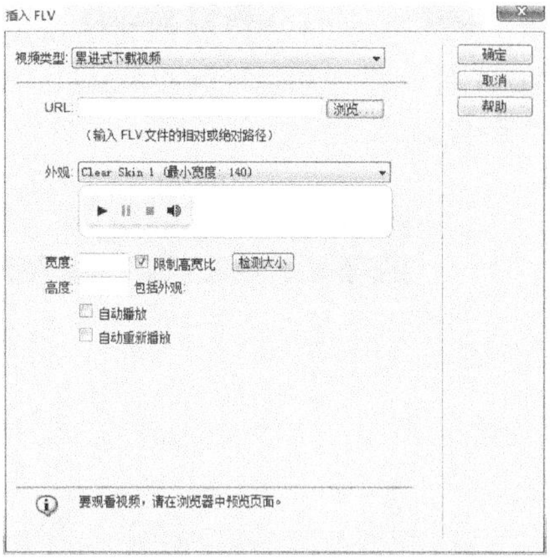

插入 FLV 对话框的参数介绍如下。

视频类型：在该下拉列表中选择视频的类型，包括"累进式下载视频"与"流视频"。"累进式下载视频"首先将 FLV 文件下载到访问者的硬盘上，然后再进行播放，它可以在下载完成之前就开始播放视频文件；"流视频"要经过一段缓冲时间后，才在网页上播放视频内容。

URL：输入一个 FLV 文件的 URL 地址，或者单击"浏览"按钮，选择一个 FLV 文件。

外观：制定视频组件的外观。选择某一项后，会在"外观"下拉列表的下方显示它的预览效果。

宽度：制定 FLV 文件的宽度，单位是像素。

图 11-23

限制高度比：保持 FLV 文件的宽度和高度的比例不变，默认选择该选项。

高度：制定 FLV 文件的高度，单位是像素。

包括外观：是 FLV 文件的宽度和高度与所选外观的宽度和高度相加得出来的。

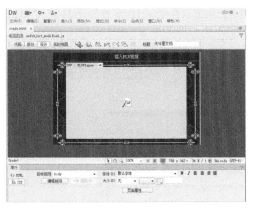

图 11-24

检测大小：单击该按钮确定 FLV 文件的准确宽度和高度，但是有时 Dreamweaver 无法确定 FLV 文件的尺寸大小。在这种情况下，必须手动输入宽度和高度值。

自动播放：制定在网页打开时是否自动播放 FLV 视频。

自动重新播放：选择此项，FLV 文件播放完之后会自动返回到起始位置。

11.3.2 在网页中插入 FLV 视频

本例在网页中插入 FLV 视频，效果如图 11-24 所示。

（1）新建空白网页，执行"插入"→"表格"菜单命令，插入一个 2 行 1 列、宽为 488 像素的表格，并在"属性"面板中将表格对齐方式设置为"居中对齐"，把"填充"和"间距"都设置为 0。如图 11-25 所示。

（2）将光标置于表格第 1 行单元格中，进入"属性"面板，将该单元格的高度设置为 28，背景颜色设置为棕色（#270900），如图 11-26 所示。

（3）在表格第 1 行中输入文字"插入 FLV 视频"，设置文字大小为 14 像素，颜色为白色，并将输入的文字设置为"居中对齐"，如图 11-27 所示。

（4）将光标置于表格第 2 行单元格中，在"属性"面板中将高度设置为 267。

图　11-25　　　　　　　　　　　　　　　　图　11-26

（5）单击"代码"按钮切换到代码视图，在<td heigh="267"后面，添加 background="Dw 11/11.2 制作音乐播放网页/images/101.jpg"，如图 11-28 所示，表示将该图片作为单元格的背景图像。

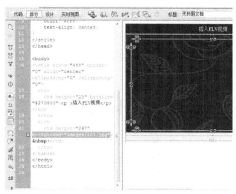

图　11-27　　　　　　　　　　　　　　　　图　11-28

（6）单击"设计"按钮返回设计视图，将光标置于表格第 2 行单元格中，执行"插入"→"媒体"→"FLV"菜单命令，打开"插入 FLV"对话框，在"视频类型"下拉列表中选择"累进式下载视频"选项，如图 11-29 所示。

（7）单击"URL"文本框右侧的"浏览"按钮，打开"选择 FLV"对话框，在对话框中选择"Dw 11/11.3 在网页中播放 FLV 视频/11.flv"FLV 视频文件，如图 11-30 所示。

图　11-29　　　　　　　　　　　　　　　　图　11-30

（8）在"外观"下拉列表中选择"Clear Skin 1（最小宽度 140）"选项，将宽和高分别设置为 400 和 228，如图 11-31 所示。

（9）完成后单击"确定"按钮，即可在网页中插入 FLV 视频文件。如图 11-32 所示。

图　11-31　　　　　　　　　　　　　　　　　图　11-32

（10）单击"属性"面板上的"页面属性"按钮，打开"页面属性"对话框，在对话框中将网页的背景颜色设置为灰色（#333333）。

（11）执行"文件"→"保存"菜单命令，保存文档，然后按下 F12 键浏览网页，单击视频上的播放按钮即可观看 FLV 视频了。如图 11-33 所示。

11.4　插入 Applet

Applet 是指采用 Java 创建的基于 HTML 的程序，浏览器将其暂时下载到用户的硬盘上，并在网页打开时在本地运行，在网页中嵌入 Applet 程序，可以实现各种各样的精彩效果。

在 Dreamweaver CS6 的文档中，将光标放到要插入 Applet 小程序的位置，然后执行"插入"→"媒体"→"Applet"菜单命令，在打开如图 11-34 所示的对话框中，选择包含 Applet 的文件，最后单击"确定"按钮，就可以插入 Applet 程序。

Applet "属性"面板如图 11-35 所示。

图　11-33

图　11-34　　　　　　　　　　　　　　　　　图　11-35

Applet 的"属性"参数介绍如下。

Applet 名称：指定 Java 小程序的名称，在下面的文本框中可以输入小程序的名称。

宽/高：指插入对象的宽度和高度，默认单位为像素，也可以指定 pc（十二点活字）、pt（磅）、in（英寸）、mm（毫米）、cm（厘米）、%（相对于父对象的值的百分比）等单位。单位缩写必须紧跟在值后，中间不留空格。

代码：指定包含 Java 代码的文件，可以单击 📁 图标选择文件，或者输入文件名。

基址：标识包含选定 Java 程序的文件夹，当选择程序后，该文本框将自动填充。

对齐：设置影片在页面上的对齐方式，"默认值"通常指与基线对齐；"基线"和"底部"将文本或同一段落的其他元素的基线与选定对象的底部对齐；"顶端"将影片的顶端与当前行中最高端对齐；"居中"将影片的中部与当前行的基线对齐；"文本上方"将影片的顶端与文本行中最高字符的顶端对齐；"绝对居中"将影片的中部与当前文本行中文本的中部对齐；"绝对顶部"将影片底部与文本行的底部对齐；"左对齐"将所选影片放置在左边，文本在影片的右侧换行；"右对齐"将影片放置在右面，文本在影片的左侧换行。

替换：如果用户的浏览器不支持 Java 小程序或者 Java 被禁止，该选项将指定一个替代显示的内容。

垂直边距/水平边距：指在页面上插入的 Applet 四周的空白数量值。

参数：单击该按钮，可以在打开的对话框中输入为 Shockwave 和 Flash 影片、ActiveX 空间、Object、Embed、Applet 标签共同使用的参数，将为插入对象设置专门的属性。

11.5 插入 ActiveX 控件

ActiveX 控件是可以充当浏览器插件的、可重复使用的组件，它犹如缩小化的应用程序，能够产生和浏览器插件一样的效果，ActiveX 控件在 Windows 系统中的 Internet Explorer 中运行，但不能在 Macintosh 系统中或 Netscape Navigator 中运行。Dreamweaver 中的 ActiveX 对象，允许用户在网页访问者的浏览器中为 ActiveX 控件设置属性和参数。

Dreamweaver 使用 Object 标签来识别网页中 ActiveX 控件出现的位置，并为 ActiveX 控件提供参数。

在文档窗口中，将光标放到要插入 ActiveX 的位置，然后执行"插入"→"媒体"→"ActiveX（X）"菜单命令，在文档页面会出现一个 图标，它标记出 ActiveX 控件在页面中的位置，如图 11-36 所示。

图　11-36　　　　　　　　　　　　　　　　图　11-37

在插入 ActiveX 控件后，就可以使用"属性"面板设置 Object 标签的属性，以及 ActiveX 控件的参数，如图 11-37 所示。

ActiveX 的"属性"参数介绍如下。

ActiveX：在下面的文本框中可以输入 ActiveX 控件的名称。

宽/高：指插入对象的宽度和高度，默认单位为像素，也可以指定 pc（十二点活字）、pt（磅）、in（英寸）、mm（毫米）、cm（厘米）、%（相对于父对象的值的百分比）等单位。单位缩写必须紧跟在值后，中间不留空格。

ClassID：为浏览器标识 ActiveX 控件，可以从弹出的下拉列表中选择一个值或者直接输入一个值，在加载页面时，浏览器使用该 ID 来确定与该页面关联的 ActiveX 控件。如果浏览器未找到指定的 ActiveX 控件，则它将尝试从"基址"指定的位置下载。

嵌入：为 ActiveX 控件在 Object 标签内添加 Embed 标签，如果 ActiveX 控件具有等效的 Netscape Navigator 插件，则 Embed 标签将激活该插件，Dreamweaver CS6 将把用户给 ActiveX 控件属性输入的值，同时分配给等效的 Netscape Navigator 插件。

对齐：设置影片在页面上的对齐方式，"默认值"通常指与基线对齐；"基线"和"底部"将文本或同一段落的其他元素的基线与选定对象的底部对齐；"顶端"将影片的顶端与当前行中最高端对齐；"居中"将影片的中部与当前行的基线对齐；"文本上方"将影片的顶端与文本行中最高字符的顶端对齐；"绝对居中"将影片的中部与当前文本行中文本的中部对齐；"绝对顶部"将影片底部与文本行的底部对齐；"左对齐"将所选影片放置在左边，文本在影片的右侧换行；"右对齐"将影片放置在右面，文本在影片的左侧换行。

参数：单击该按钮，可以在打开的对话框中输入传递给 ActiveX 对象的附加参数。

源文件：如果启用了"嵌入"选项，在"源文件"文本框中设置用于插件的数据文件；如果没有设置，那么 Dreamweaver 将根据已经输入的 ActiveX 属性来确定值。

垂直边距/水平边距：指在页面上插入的 Applet 四周的空白数量值。

基址：指包含 ActiveX 控件的 URL。如果浏览器者的系统中尚未安装该 ActiveX 控件，则 Internet Explorer 从该位置下载它。如果没有指定"基址"参数，并且浏览者未安装相应的 ActiveX 控件，则浏览器不能显示 ActiveX 控件对象。

数据：为需要加载的 ActiveX 控件指定数据文件，许多 ActiveX 控件不能使用此参数。

替换图像：浏览器在不支持 object 标签的情况下要显示的图像，只有取消对"嵌入"的选择后，此选项才可以使用。

11.6　插入插件

11.6.1　插入插件图标

插件增强了浏览器的功能，通过插件机制可以将第三方开发商的程序嵌入浏览器，使之能支持更多的媒体格式。插件一般用 Embed 标签标识。

执行"插入"→"媒体"→"插件"菜单命令，将在文档插入插件图标，如图 11-38 所示。

选中插件图标，打开其"属性"面板，如图 11-39 所示。

图　11-38

图　11-39

插件的"属性"参数介绍如下。

名称：在"插件"下方文本框中设置插件的名称，以便于脚本识别。

宽/高：设置插件的宽度和高度，以控制其显示区域。

源文件：指定数据源文件。

插件 URL：指定插件的 URL，若访问者没有安装该插件，浏览器将尝试从指定的 URL 地址下载该插件。

对齐：选择插件在页面的对齐方式。

垂直边距/水平边距：指定插件在页面上的上、下、左、右边距。

边框：设置环绕插件的边框宽度。

播放：播放插件。

参数：单击该按钮可以打开"参数"对话框，在其中可以设置传递给插件的其他参数。

11.6.2 使用插件嵌入音乐播放器

使用插件也可以在当前网页文档中嵌入音乐播放器，具体操作步骤如下。

（1）在文档窗口中执行"插入"→"媒体"→"插件"菜单命令。

（2）在打开的"选择文件"对话框中，选择"Dw 11/11.6 使用插件嵌入音乐播放器/images/111.mp3"，然后单击"确定"按钮。

（3）选中插件，在"属性"面板中设置插件的宽为 350，高为 200，如图 11-40 所示。

（4）在"属性"面板中单击"参数"按钮，打开"参数"对话框，在"参数"下方单击输入 autoStart，在"值"下方输入 false。最后单击"确定"按钮，如图 11-41 所示。

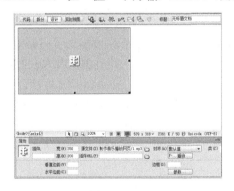   

图　11-40   图　11-41

（5）保存文档，按下"F12"键浏览网页，在网页中就能看到音乐播放器了，按下"播放"按钮，即可听见悦耳的音乐。如图 11-42 所示。

图　11-42

第 12 章　行为的应用

12.1　行为简介

行为由 JavaScript 函数和事件处理程序组成，JavaScript 函数在 Dreamweaver 中的行为动作，其所有动作都响应事件。Dreamweaver 中的行为是将 JavaScript 代码放置在文档中，以允许访问者与 Web 页进行交互，从而以多种方式更改页面或引起某些任务的执行。

行为是由对象、事件和动作构成的。

对象是产生行为的主体，很多网页元素都可以成为对象，如图片、文字和多媒体文件等。对象是基于成对出现的标签，再创建选中对象的标签。此外，网页本身有时也可以作为对象。

事件是触发动态效果的原因，它可以被附加到各种页面元素上，也可以被附加到 HTML 标记中。一个事件是针对页面元素或标记而言的。例如，将鼠标指针移动到图片上（onMouseOver）、把鼠标指针放在图片之外（onMouseOut）和单击鼠标左键（onClick），是与鼠标有关的 3 个最常见的事件。

动作是由预先编写的 JavaScript 代码组成的，这些代码执行特定的任务，如打开浏览器、显示或隐藏层、播放声音或控制影片播放等。

将事件和动作结合起来就构成了行为，一个事件可以同多个动作相关联，发生事件时可以执行多个动作，为了实现需要的效果，还可以指定和修改事件发生的顺序。

12.2　行为面板

在 Dreamweaver CS6 中，对行为的添加和控制主要是通过"行为"面板来实现。执行"窗口"→"行为"命令，打开"行为"面板，如图 12-1 所示。也可以用快捷键"Shift"+"F4"打开"行为"面板。

单击 + 按钮可以为选定的对象加载动作，单击该按钮，打开下拉菜单，如图 12-2 所示。需要注意的是：添加行为是从行为菜单中选择一个行为项，对当前不能使用的行为，以灰色显示，没有变成灰色的行为表示可以使用。

━ 按钮的作用是用来删除已加载的动作。如果未加载任何动作，则会呈现灰色。

对这些行为动作详细介绍如下。

交换图像：通过改变 img 标签的 src 属性来改变图像，利用该动作可创建活动按钮或其他图像效果。

弹出信息：显示带指定信息的 JavaScript 警告，用户可在文本中嵌入任何有效的 JavaScript 功能，比如调用、属性、布局变量或表达式（需要用{}括起来）。

恢复交换图像：恢复交换图像为原图。

打开浏览器窗口：在新窗口中打开 URL，并设置新窗口的尺寸等属性。

拖动 AP 元素：利用该动作可允许用户拖拽层。

改变属性：改变对象属性值。

效果：制作一些类似增大、搜索等效果。

图 12-1

图 12-2

显示-隐藏元素：显示、隐藏一个或多个层窗口，或者恢复其默认属性。

检查插件：利用该动作可根据访问者所安装的插件，发送给不同的网页。

检查表单：检查输入框的内容，以确保用户输入的数据格式正确无误。

设置导航栏图像：将图像加入导航栏或改变导航栏的图像显示。

设置文本：包括 4 项功能，分别是设置层文本、设置文本域文字、设置框架文本和设置状态栏文本。

调用 JavaScript：执行 JavaScript 代码。

跳转菜单：当用户创建一个跳转菜单时，Dreamweaver 将创建一个菜单对象，并为其附加行为。在"行为"面板中双击跳转菜单动作可编辑跳转菜单。

跳转菜单开始：当用户已经创建了一个跳转菜单时，在其后面会添加一个行为动作按钮 前往 。

转到 URL：在当前窗口或指定框架打开新页面。

预先载入图像：该图像在页面载入浏览器缓冲区之后不会立即显示，它主要用于时间线、行为等，从而防止因下载引起的延迟。

显示事件：显示所适合的浏览器版本。

获取更多行为：从网站上获得更多的动作功能。

12.3　使用行为

图 12-3

使用弹出信息命令，可以制作浏览网页时弹出信息的效果。

（1）选择"文件/打开"菜单命令，在弹出的菜单中选择"Dw 12/12.3 弹出信息/index.html"文件，如图 12-3 所示。

（2）选择"窗口/行为"菜单命令，弹出"行为"面板，单击面板中的"添加行为"按钮 ，在弹出的菜单中选择"弹出信息"命令，弹出"弹出信息"对话框。

（3）在"消息"选项文本框中，输入文字"欢迎光临我们的网站！"，如图 12-4 所示，单击"确定"按钮，如图 12-5 所示。

图　12-4　　　　　　　　　　　图　12-5

（4）保存文档，按"F12"键，预览效果如图 12-6 所示。

图　12-6

12.4　在网页文档中组合"西瓜人"

12.4.1　绘制层并插入图像

使用"绘制 AP Div"按钮，可以绘制层效果；使用"拖动 AP 元素"命令，可以制作组合"西瓜人"效果。

（1）选择"文件/打开"菜单命令，在弹出的菜单中选择"Dw 12/12.4 在网页文档中组合'西瓜人'/index.html"文件，如图 12-7 所示。

图　12-7　　　　　　　　　　　图　12-8

（2）单击"插入/布局"面板上的"绘制 AP Div"按钮 ，在页面左侧拖动鼠标绘制出一个矩形层，如图 12-8 所示。

（3）将光标置入到层内，在"插入/常用"面板中单击"图像"按钮 ，在弹出的"选择图像源文件"对话框中，选择"Dw 12/12.4 在网页文档中组合'西瓜人'/images"文件夹中的"ing_03.jpg"，如图 12-9 所示，单击"确定"按钮完成图片的插入，效果如图 12-10 所示。

图 12-9 图 12-10

（4）按住"Ctrl"的同时，在界面中再绘制 3 个层，分别将图像"ing_02.gif"，"ing_04.gif"，"ing_05.gif"插入到层中，效果如图 12-11 所示。

（5）分别选择层，将其移动到"西瓜"图像适当的位置，组合成"西瓜人"效果，如图 12-12 所示。

图 12-11 图 12-12

（6）保存文档，按"F12"键预览效果，如图 12-13 所示。

12.4.2 在浏览器中组合"西瓜人"

（1）返回到 Dreamweaver 界面中，分别选中层，将其拖拽到适当的位置，效果如图 12-14 所示。

图 12-13 图 12-14

（2）选择"窗口/行为"菜单命令，弹出"行为"面板，单击面板中的"添加行为"按钮，在弹出的菜单中选择"拖动 AP 元素"命令，弹出"拖动 AP 元素"对话框。

（3）在"AP 元素"选项右侧下拉列表中，选择"div""apDivl"，"移动"选项右侧下拉列表中选择"不限制"，单击"取得目前位置"按钮，"靠齐距离"选项自动显示为 50，如图 12-15 所示，单击"确定"按钮。

图 12-15

（4）"行为"面板显示"onLoad"事件，如图 12-16 所示，在面板中单击"事件"中的下拉按钮 ▾，选择"onMouseOver"事件，如图 12-17 所示。

图 12-16   图 12-17

（5）使用相同的方法，为其他层添加行为，"行为"面板如图 12-18 所示。

（6）保存文档，按"F12"键预览效果，如图 12-19 所示。

图 12-18   图 12-19

（7）拖动图像组合成"西瓜人"，如图 12-20 所示。

图 12-20

12.5 制作拼图游戏页面

使用"绘制 AP Div"按钮绘制层效果，使用"拖动 AP 元素"命令设置层的拖动范围。

12.5.1 绘制层插入图片

（1）打开 Dreamweaver CS6 后，新建一个空白文档，新建文档的初始名称为"Untitled-1"。选择"文件/保存"菜单命令，弹出"另存为"对话框，在"保存在"选项的下拉列表中选择当前站点目录保存路径；在"文件名"选项的文本框中输入"index"，单击"保存"按钮，回到网页编辑窗口。

（2）单击"插入/布局"面板上的"绘制 AP Div"按钮 🖹，按住"Ctrl"键的同时，在页面中连续绘制 20 个层，效果如图 12-21 所示。将光标置入到第 1 个层中，如图 12-22 所示。

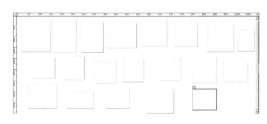

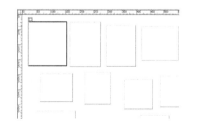

图 12-21   图 12-22

（3）在"插入/常用"面板中单击"图像"按钮 ，在弹出的"选择图像源文件"对话框中，选择"Dw 12/12.5 制作拼图游戏页面/images"文件夹中的"ing_01.gif"，单击"确定"按钮完成图片的插入，如图 12-23 所示。

（4）用相同的方式，为其他层插入预先准备好的图片。在页面中分别移动层，使它们互相重叠（可以随意的移动层），效果如图 12-24 所示。

图　12-23　　　　　　　　　　　　　图　12-24

12.5.2　设置层的拖动范围

（1）选择"窗口/行为"菜单命令，弹出"行为"面板，在"行为"面板中，单击"添加行为"按钮 ，在弹出的菜单中选择"拖动 AP 元素"命令，弹出"拖动 AP 元素"对话框，如图 12-25 所示，单击"确定"按钮，完成第 1 个层的设置。

（2）"行为"面板中的显示效果如图 12-26 所示。

图　12-25　　　　　　　　　　　　　图　12-26

再次单击"添加行为"按钮 ，在弹出的菜单中选择"拖动 AP 元素"命令，弹出"拖动 AP 元素"对话框，在"AP 元素"选项的下拉列表中选择"div apDiv2"，其他选项为默值，如图 12-27 所示，单击"确定"按钮，完成第 2 层的设置。

（3）重复步骤（2），将其他层的"移动"选项均没为"不限制"，效果如图 12-28 所示。

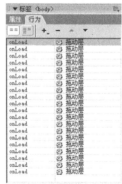

图　12-27　　　　　　　　　　　　　图　12-28

（4）保存并预览效果，如图 12-29 所示，移动图片，可制作出如图 12-30 所示的效果。

　　　图　12-29　　　　　　　　　　　　　　　　图　12-30

12.6　符合使用者电脑环境的行为

应用行为设置浏览器，并设置图像的预载入，使之符合使用者电脑环境。

12.6.1　显示适合的网页文档

（1）选择"文件/打开"菜单命令，在弹出的菜单中选择"Dw 12/12.6 符合使用者电脑环境的行为/index.html"文件，如图 12-31 所示。

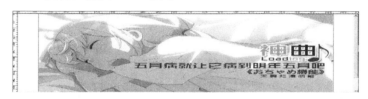

图　12-31

（2）单击窗口下方"标签选择器"中的<body>标签，如图 12-32 所示，选择整个网页文档，效果如图 12-33 所示。

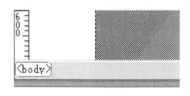 

　　图　12-32　　　　　　　　　　　　　　图　12-33

（3）选择"窗口/行为"菜单命令，弹出"行为"面板，单击面板中的"添加行为"按钮 **+₊**，在弹出的菜单中选择"～建议不再使用/检查浏览器"命令，弹出"检查浏览器"对话框。

（4）单击"URL"选项右侧的"浏览"按钮，弹出"选择文件"对话框，选择" Dw 12/12.6 符合使用者电脑环境的行为/index l .html"文件，如图 12-34 所示，单击"确定"按钮，当浏览器为 Explore 时，则显示此网页文档，如图 12-35 所示。

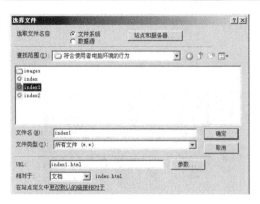

图 12-34　　　　　　　　　　　　　　　　　图 12-35

（5）单击"代替 URL"选项右侧的"浏览"按钮，弹出"选择文件"对话框，选择"Dw 12/12.6 符合使用者电脑环境的行为/index2.html"文件，如图 12-36 所示，单击"确定"按钮，当浏览器为 Netscape 时，则显示此网页文档，如图 12-37 所示。

图 12-36　　　　　　　　　　　　　　　　　图 12-37

（6）在"或更新的版本，"选项右侧的下拉列表"否则"中选择"前往替代 URL"，当访问者的浏览器为 Netscape 时，跳转到 Netscape 专用页面文档，在"其他浏览器"选项右侧的下拉列表中选择"留在此页"；当访问者的浏览器为其他种类时，当前的网页文档，为 index.html，如图 12-38 所示，单击"确定"按钮，"行为"面板如图 12-39 所示。

图 12-38　　　　　　　　　　　　　　　　　图 12-39

（7）保存文档，按"F12"键预览效果。如果 Explore 被指定为默认浏览器，则显示如图 12-40 所示的 Explore 专用页面。

（8）如果 Netscape 被指定为默认浏览器，则显示如图 12-41 所示的 Netscape 专用页面。

图 12-40 　　　　　　　　　　　　　　　　图 12-41

12.6.2 加载大容量图像

（1）单击窗口下方"标签选择器"中的<body>标签，选择整个网页文档。

（2）单击面板中的"添加行为"按钮 +，在弹出的菜单中选择"预先载入图像"命令，弹出"预先载入图像"对话框，单击"图像源文件"选项右侧的"浏览"按钮，弹出"选择图像源文件"对话框，选择"Dw 12/12.6 符合使用者电脑环境的行为/images"文件夹中图片"02.jpg"，如图 12-42 所示，单击"确定"按钮，返回到"预先载入图像"对话框中，如图 12-43 所示。

图 12-42 　　　　　　　　　　　　　　　　图 12-43

（3）单击对话框上方的按钮"+"，添加图像，再次单击"图像源文件"选项右侧的"浏览"按钮，弹出"选择图像源文件"对话框，选择"Dw 12/12.6 符合使用者电脑环境的行为/images"文件夹中图片"03.jpg"，如图 12-44 所示，单击"确定"按钮，返回到"预先载入图像"对话框中，如图 12-45 所示，单击"确定"按钮，行为面板如图 12-46 所示。

图 12-44

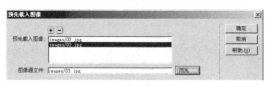

图　12-45　　　　　　　　　　　　　　　图　12-46

　　（4）在"行为"面板中添加加载图像行为后，"单击增加事件值"按钮 ▲ ，把该行为移动到上部，使之在浏览器中先运行，效果如图 12-47 所示。

　　（5）保存文档，按"F12"键预览效果，如图 12-48 所示。

图　12-47　　　　　　　　　　　　　　　图　12-48

12.7　制作自动跳丝页面

　　使用"转到 URL"命令，可以制作自动跳转页面效果。

　　（1）选择"文件/打开"菜单命令，在弹出的菜单中选择"Dw 12/12.7 制作自动跳转页面/index.html"文件，如图 12-49 所示。

　　（2）选择"窗口/行为"菜单命令，弹出"行为"面板，单击面板中的"添加行为"按钮 ✦ ，在弹出的菜单中选择"转到 URL"命令，弹出"转到 URL"对话框。

　　（3）单击"URL"选项右侧的"浏览"按钮，选择"Dw 12/12.7 制作自动跳转页面"文件夹中的"page 1.html"，如图 12-50 所示，单击"确定"按钮，如图 12-51 所示。再次单击"确定"按钮完成设置，面板如图 12-52 所示。

图　12-49　　　　　　　　　　　　　　　图　12-50

图　12-51　　　　　　　　　　　　　　　图　12-52

（4）保存文档，按"F12"键预览效果，跳转前后效果如图 12-53 和图 12-54 所示。

图 12-53   图 12-54

12.8　检查表单

使用"检查表单"命令，可以制作检查表单。

（1）选择"文件/打开"菜单命令，在弹出的菜单中选择"Dw 12/12.8 检查表单/index.html"文件，如图 12-55 所示。

（2）选择"窗口/行为"菜单命令，弹出"行为"面板，单击面板中的"添加行为"按钮 ，在弹出的菜单中选择"检查表单"命令，弹出"检查表单"对话框，选择"文本 'textfield4' 在表单 'form1'"，勾选"必需的"复选框，如图 12-56 所示。

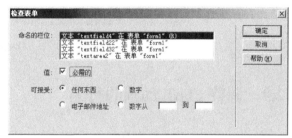

图 12-55   图 12-56

（3）选择"文本 'textfield2' 在表单 'form1'"，勾选"必需的"复选框和"数字"单选项，如图 12-57 所示。

（4）选择"文本 'textfield3' 在表单 'form1'"，勾选"必需的"复选框和"电子邮件地址"单选项，如图 12-58 所示。

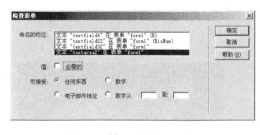

图 12-57   图 12-58

（5）选择"文本 'texttarea' 在表单 'form1'"，勾选"必需的"复选框，如图 12-59 所示，单击"确定"按钮，"行为"面板如图 12-60 所示。

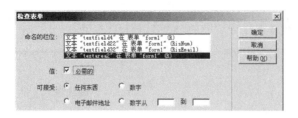 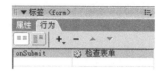

图 12-59　　　　　　　　　　　　　　图 12-60

（6）保存文档，按"F12"键，预览效果如图 12-61 所示。

图　12-61

12.9　调整 Flash 动画的行为

使用贝塞尔工具绘制出汽车的基本图形，使用椭圆工具绘制出汽车的轮胎图形效果，使用交互式阴影工具为汽车图形添加阴影效果。

12.9.1　插入 Flash 动画

（1）选择"文件/打开"菜单命令，在弹出的菜单中选择"Dw 12/12.9 调整 Flash 动画的行为/index.html"文件，如图 12-62 所示。

（2）将光标置入到单元格中，在"插入/常用"中单击"Flash"按钮 ，在弹出的"选择文件"框中，选择"Dw 12/12.9 调整 Flash 动画的行为/images"文件夹中的"Baiyech.swf"，单击"确定"按钮完成 Flash 影片的插入，效果如图 12-63 所示。

 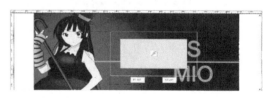

图　12-62　　　　　　　　　　　　　　图　12-63

（3）保持 Flash 动画的选中状态，在"属性"面板中将其名称命名为"Baiyech"，并取消勾选"自动播放"复选框，如图 12-64 所示。

（4）选中"PLAY"图像，如图 12-65 所示，在"属性"面板"链接"选项的文本框中输入"＃"，如图 12-66 所示。

图　12-64　　　　　图　12-65　　　　　图　12-66

（5）选择"窗口/行为"菜单命令，弹出"行为"面板，单击面板中的"添加行为"按钮 ➕，在弹出的菜单中选择"显示事件/1E5.5"命令，如图 12-67 所示。

12.9.2　控制动画

（1）单击"行为"面板中的"添加行为"按钮 ➕，在弹出的菜单中选择"建议不再使用/控制 shockwave 或 Flash"命令，弹出"控制 shockwave 或 Flash"对话框。

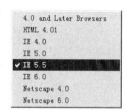

图　12-67

（2）在"影片"选项的下拉列表中选择"影片 'Baiyech'"，在"操作"选项中勾选"播放"单选项，如图 12-68 所示，单击"确定"按钮。

（3）"行为"面板显示"onBeforeUnload"事件，如图 12-69 所示。在面板中单击"事件"中的下拉按钮 ▾，选择"onClick"事件，如图 12-70 所示。

图　12-68　　　　　　图　12-69　　　　　　图　12-70

（4）选中"STOP"图像，如图 12-71 所示，在"属性"面板"链接"选项的文本框中输入"＃"，如图 12-72 所示。

　　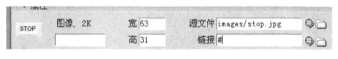

图　12-71　　　　　　　图　12-72

（5）单击"行为"面板中的"添加行为"按钮 ➕，选择"建议不再使用/控制 shockwave 或 Flash"命令，弹出"控制 shockwave 或 Flash"对话框，在"操作"选项中勾选"停止"单选项，如图 12-73 所示，单击"确定"按钮。

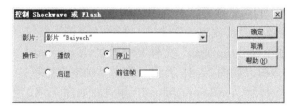

图　12-73

（6）在"行为"面板显示"onBeforeUnload"事件，如图 12-74 所示，在面板中单击"事件"中的下拉按钮，选择"onClick"事件，如图 12-75 所示。

图　12-74　　　　　　　　　　　　　图　12-75

（7）保存文档，按"F12"键预览效果，Flash 动画处于停止状态，如图 12-76 所示。

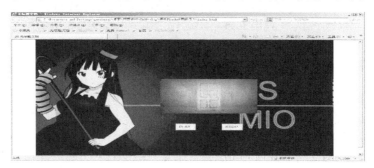

图　12-76

（8）单击"PLAY"按钮，播放 Flash 动画，如图 12-77 所示。单击"STOP"按钮，停止 Flash 动画播放，如图 12-78 所示。

图　12-77　　　　　　　　　　　　　图　12-78

12.9.3　添加单击按钮的效果音

（1）选择"PLAY"图像，如图 12-79 所示，单击面板中的"添加行为"按钮 ＋，选择"建议不再使用/播放声音"命令，弹出"播放声音"对话框。

（2）单击"播放声音"选项右侧的"浏览"按钮，选择"Dw 12/12.9 调整 Flash 动画的行为/images"文件夹中的"yinyue.wav"，如图 12-80 所示，单击"确定"按钮，如图 12-81 所示，单击"确定"按钮。

图　12-79

（3）在"行为"面板显示"onBeforeUnload"事件，如图 12-82 所示。在面板中单击"事件"中的下拉按钮"+"，选择"onClick"事件，如图 12-83 所示。

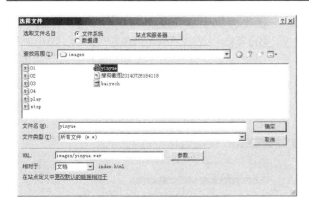

图　12-80　　　　　　　　　　　　　　　　图　12-81

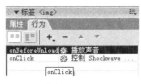

图　12-82　　　　　　　　　　　　　图　12-83

（4）保存文档，按"F12"键预览效果，如图 12-84 所示，单击"PLAY"按钮，播放效果音。

图　12-84

12.10　快捷而高效地链接相关行为

使用"转到 URL"命令制作链接网页效果，使用"跳转菜单"按钮制作链接网页文档。

12.10.1　把鼠标移至瞬间跳转

（1）选择"文件/打开"菜单命令，在弹出的菜单中选择"Dw 12/12.10 快捷而高效地链接相关行为/index.html"文件，如图 12-85 所示。

图　12-85

（2）选择第二个图片，如图 12-86 所示。选择"窗口/行为"菜单命令，弹出"行为"面板，单击面板中的"添加行为"按钮 ➕，在弹出的菜单中选择"转到 URL"命令，弹出"转到 URL"对话框。

图　12-86

图　12-87

（3）在"打开在"对话框右侧的选项文本框中，选择"框架'mainframe'"选项，如图 12-87 所示。

（4）单击"URL"选项右侧的"浏览"按钮，选择"Dw 12/12.10 快捷而高效地链接相关行为"文件夹中的"page 1.html"，如图 12-88 所示，单击"确定"按钮，如图 12-89 所示，单击"确定"按钮。

图　12-88

图　12-89

（5）"行为"面板如图 12-90 所示，在面板中单击"事件"中的下拉按钮"+"，选择"onMouseOver"事件，如图 12-91 所示。

（6）在"属性"面板"链接"选项的文本框中输入"#"，如图 12-92 所示。

图　12-90　　　　　　　图　12-91

图　12-92

（7）选择第三个图片，单击面板中的"添加行为"按钮 ➕，在弹出的菜单中选择"转到 URL"命令，弹出"转到 URL"对话框。如图 12-93 所示。

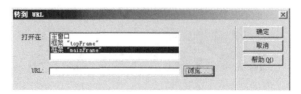

图　12-93

（8）在"打开在"对话框右侧的文本框选项中，选择"框架：'mainframe'"选项，如图 12-94 所示。

（9）单击"URL"选项右侧的"浏览"按钮，选择"Dw 12/12.10 快捷而高效地链接相关行为"文件夹中的"page2.html"，如图 12-95 所示，单击"确定"按钮。

图　12-94　　　　　　　　　　　　　　图　12-95

（10）"行为"面板如图 12-96 所示，在面板中单击"事件"中的下拉按钮▼，选择"onMouseOver"事件，如图 12-97 所示。

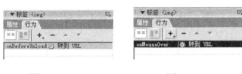 

图　12-96　　　　图　12-97　　　　图　12-98

（11）在"属性"面板"链接"选项的文本框输入"＃"，如图 12-98 所示。

（12）保存文档，按"F12"键，预览效果如图 12-99 所示。当鼠标移动到图片上，文档下面的框架将显示链接的文档，如图 12-100 所示。

图　12-99　　　　　　　　　　　　　　图　12-100

12.10.2　跳转到菜单相关页面

（1）将光标置入到上方框架右侧的单元格中，如图 12-101 所示，在"插入/表单"面板中，单击"跳转菜单"按钮，弹出"插入跳转菜单"对话框，在"文本"选项右侧的文本框中，输入"福音战士新剧场版 Q"，如图 12-102 所示，然后单击"添加"按钮，效果如图 12-103 所示。

图　12-101

（2）添加菜单后，在"文本"选项右侧的文本框中输入"革命机 Valvrave"，单击"选择时，转到 URL"选项右侧的"浏览"按钮，选择"Dw 12/12.10 快捷而高效地链接相关行为"

文件夹中的 "pagel.html"，如图 12-104 所示，单击 "确定" 按钮，如图 12-105 所示。

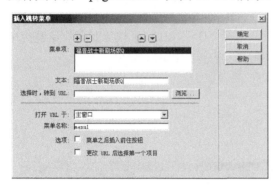

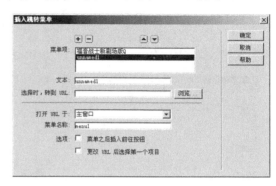

图 12-102   图 12-103

图 12-104   图 12-105

（3）添加菜单后，再次单击 "添加" 按钮 ＋，在 "文本" 选项右侧的文本框中输入 "画师 Kantoku"，单击 "选择时，转到 URL" 选项右侧的 "浏览" 按钮，选择 "Dw 12/12.10 快捷而高效地链接相关行为" 文件夹中的 "page2.html"，如图 12-106 所示，单击 "确定" 按钮，如图 12-107 所示，单击 "确定" 按钮完成设置。

图 12-106   图 12-107

（4）插入跳转菜单，"行为" 面板中自动显示跳转菜单动作，如图 12-108 所示。

（5）保存文档，按"F12"键，预览效果如图 12-109 所示。

图　12-108　　　　　　　　　　图　12-109

（6）单击跳转菜单下拉列表按钮选择"革命机 Valvrave"，如图 12-110 所示，整体框架集消失，只显示链接的网页文档，效果如图 12-111 所示。

图　12-110　　　　　　　　　　图　12-111

（7）返回到普通工作界面，修改跳转菜单，双击"行为"面板中的跳转菜单，弹出"跳转菜单"对话框，如图 12-112 所示。

（8）在跳转菜单下面的"打开 URL 于"选项下拉列表中选择"框架'mainframe'"，如图 12-113 所示，单击"确定"按钮。

图　12-112　　　　　　　　　　图　12-113

（9）保存文档，按"F12"键，预览效果如图 12-114 所示。

（10）单击跳转菜单下拉列表按钮，选择"革命机 Valvrave"，上方框架保持不变，下方框架显示链接的网页文档，效果如图 12-115 所示。

图　12-114　　　　　　　　　　图　12-115

12.10.3 添加 GO 按钮

（1）将光标置入到跳转菜单右侧，在"插入/表单"面板中单击"按钮" ▭，如图 12-116 所示。

（2）在"属性"面板"值"选项的文本框中输入字母"GO"，勾选"无"选项，如图 12-117 所示。

图   12-116   图   12-117

（3）单击"行为"面板中的"添加行为"按钮 ＋，在弹出的菜单中选择"跳转菜单开始"命令，弹出"跳转菜单开始"对话框，如图 12-118 所示，单击"确定"按钮。

图   12-118

（4）保存文档，按"F12"键，预览效果如图 12-119 所示。

（5）在下方的框架中显示链接的文档，在上端的工具栏中单击"后退"按钮，文档显示初始的网页文档。

（6）选择跳转菜单下拉列表中的"革命机 Valvrave"选项，单击"GO"按钮，在下方的框架中显示相关的文档，如图 12-120 所示。

图   12-119   图   12-120

12.11   制作对鼠标动作做出反应的导航条

使用"导航条"按钮，可以为网页制作导航条效果；可以使用行为面板设置菜单的选中状态，而其他菜单显示为没有选中的状态。

12.11.1 制作导航条的基本信息

（1）选择"文件/打开"菜单命令，在弹出的菜单中选择"Dw 12/12.11 制作对鼠标动作做出反应的导航条/index.html"文件，如图 12-121 所示。

（2）将光标置入到单元格中，如图 12-122 所示。在"插入/常用"面板中单击"导航条"按钮 ，弹出"插入导航条"对话框。

图 12-121　　　　　　　　　　　图 12-122

（3）单击"状态图像"选项右侧的"浏览"按钮，弹出"选择图像源文件"对话框，选择"Dw 12/12.11 制作对鼠标动作做出反应的导航条/images"文件夹中的图片"img_1-l.gif"，单击"确定"按钮，如图 12-123 所示。

（4）单击"鼠标经过图像"选项右侧的"浏览"按钮，弹出"选择图像源文件"对话框，选择"Dw 12/12.11 制作对鼠标动作做出反应的导航条/images"文件夹中的图片"img_1-2.gif"，单击"确定"按钮，如图 12-124 所示。

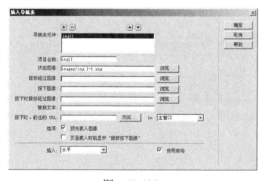

图 12-123　　　　　　　　　　　图 12-124

（5）单击"按下时，前往的 URL"选项右侧的"浏览"按钮，弹出"选择 HTML 文件"对话框，选择"Dw 12/12.11 制作对鼠标动作做出反应的导航条"文件夹中的"main1.html"，单击"确定"按钮，在"in"选项的下拉列表中选择"mainFrame"，如图 12-125 所示。

（6）单击"添加项"按钮 ，将"状态图像"选项设为"img_2-1.gif"，"鼠标经过图像"选项设为"img_2-2.gif"，"按下时，前往的 URL"选项设置为"main2.html"，"in"选项设为"mainFrame"，如图 12-126 所示。

图 12-125　　　　　　　　　　　图 12-126

（7）再次单击"添加项"按钮"+"，将"状态图片"选项设为"img_3-1.gif"，"鼠标经过图像"选项设为"img_3-2.gif"，"按下时，前往的 URL"选项设为"main3.html"，"in"选项设为"mainFrame"，如图 12-127 所示。

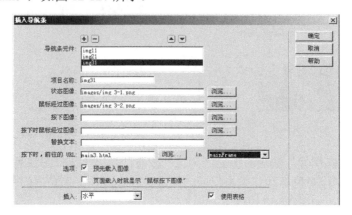

图　12-127

（8）单击"确定"按钮，效果如图 12-128 所示，在"属性"面板中，将"填充"选项设为 6，效果如图 12-129 所示。

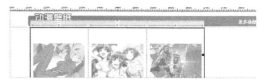

图　12-128　　　　　　　　　　　图　12-129

（9）保存框架，按"F12"键，预览效果如图 12-130 所示。

（10）把鼠标移到图片上时，显示鼠标经过图像中设定的图像，如图 12-131 所示。单击该图片，下面的框架中显示链接的网页文档，效果如图 12-132 所示。

图　12-130　　　　　　　　　　　图　12-131

图　12-132

12.11.2　添加可以知道当前所选菜单的行为

（1）选择第一个菜单图片，如图 12-133 所示。调出"行为"面板，双击动作"设置导航栏图像"，弹出"设置导航栏图像"对话框。

（2）单击"按下图像"选项右侧的"浏览"按钮，弹出"选择图像源文件"对话框，在"Dw 12/12.11 制作对鼠标动作做出反应的导航条/images"文件夹中选择图片"img_1-3.gif"，单击"确定"按钮，如图 12-134 所示。

图　12-133　　　　　　　　　　　　　　　图　12-134

（3）单击"高级"选项卡，在"当项目'imgll'正在显示"选项的下拉列表中选择"点击图像"，在"同时设置图像"选项的列表框中选择"图像'img21'"，单击"变成图像文件"选项右侧的"浏览"按钮，弹出"选择图像源文件"对话框，在"Dw 12/12.11 制作对鼠标动作做出反应的导航条/images"文件夹中选择图片"img_2-1.gif"，单击"确定"按钮，如图 12-135 所示。

（4）在"同时设置图像"选项的列表框中选择"图像'img31'"，单击"变成图像文件"选项右侧的"浏览"按钮，弹出"选择图像源文件"对话框，选择"Dw 12/12.11 制作对鼠标动作做出反应的导航条/images"文件夹中的图片"img_3-3.gif"，单击"确定"按钮，如图 12-136 所示，单击"确定"按钮。

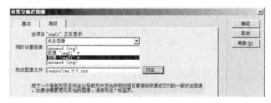

图　12-135　　　　　　　　　　　　　　　图　12-136

（5）选择第二个菜单图片，如图 12-137 所示。在"行为"面板中，双击动作"设置导航栏图像"，弹出"设置导航栏图像"对话框。

（6）单击"按下图像"选项右侧的"浏览"按钮，弹出"选择图像源文件"对话框，在"Dw 12/12.11 制作对鼠标动作做出反应的导航条/images"文件夹中选择图片"img_2-3 .gif"，单击"确定"按钮，如图 12-138 所示。

（7）单击"高级"选项卡，在"当项目'img21'正在显示"选项的下拉列表中选择"点击图像"，在"同时设置图像"选项的列表框中选择"图像 img 11"，单击"变成图像文件"选项右侧的"浏览"按钮，弹出"选择图像源文件"对话框，选择"Dw 12/12.11 制作对鼠标动作做出反应的导航条/images"文件夹中的图片"img_1-1.gif"，单击"确定"按钮，如图 12-139 所示。

图 12-137　　　　　　　　　　图 12-138

（8）在"同时设置图像"选项的列表框中选择"图像'img31'"，单击"变成图像文件"选项右侧的"浏览"按钮，弹出"选择图像源文件"对话框，选择"Dw 12/12.11 制作对鼠标动作做出反应的导航条/images"文件夹中的图片"img_3-1.gif"，单击"确定"按钮，如图 12-140 所示，单击"确定"按钮。

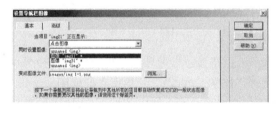

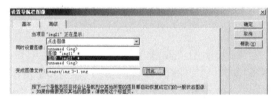

图 12-139　　　　　　　　　　图 12-140

（9）选择第三个菜单图片，如图 12-141 所示。在"行为"面板中，双击动作"设置导航栏图像"，弹出"设置导航栏图像"对话框。

（10）单击"按下图像"选项右侧的"浏览"按钮，弹出"选择图像源文件"对话框，选择"Dw 12/12.11 制作对鼠标动作做出反应的导航*/images"文件夹中的图片"img_3-3.gif"，单击"确定"按钮，如图 12-142 所示。

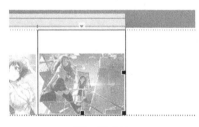

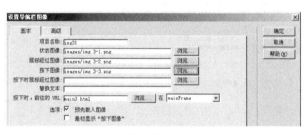

图 12-141　　　　　　　　　　图 12-142

（11）单击"高级"选项卡，在"当项目'img31'正在显示"选项的下拉列表中选择"点击图像"，在"同时设置图像"选项的列表框中选择"图像'img11'"，单击"变成图像文件"选项右侧的"浏览"按钮，弹出"选择图像源文件"对话框，选择"Dw 12/12.11 制作对鼠标动作做出反应的一导航条/images"文件夹中的图片"img_1-1.gif"，单击"确定"按钮，如图 12-143 所示。

（12）在"同时设置图像"选项的列表框中选择"图像'img21'"，单击"变成图像文件"选项右侧的"浏览"按钮，弹出"选择图像源文件"对话框，选择"Dw 12/12.11 制作对鼠标动作做出反应的导航条/images"文件夹中的图片"img_2-1.gif"，单击"确定"按钮，如图 12-144 所示，单击"确定"按钮。

 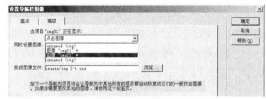

图　12-143　　　　　　　　　　　　　　图　12-144

（13）保存文档，按"F12"键预览效果，如图 12-145 所示。单击菜单，则没有选中的其他菜单变成了黑白，这样可以看出选中了哪个菜单，如图 12-146 所示。

图　12-145　　　　　　　　　　　　　　图　12-146

12.12　在网页中显示事件窗口

使用"打开浏览器窗口"命令，可以制作在网页中显示事件窗口。

12.12.1　在网页中显示指定大小的弹出窗口

（1）选择"文件/打开"菜单命令，在弹出的菜单中选择"Dw 12/12.12 在网页中显示事件窗口/1z.html"文件，如图 12-147 所示。

图　12-147

（2）单击窗口下方"标签选择器"中的<body>标签，如图 12-148 所示，选择整个网页文档，效果如图 12-149 所示。

图　12-148　　　　　　　　　　　　　　图　12-149

（3）按"Shift+F4"键，弹出"行为"面板，单击面板中的"添加行为"按钮，在弹出的菜单中选择"打开浏览器窗口"命令，弹出"检查浏览器"对话框。

（4）单击"要显示的 URL"选项右侧的"浏览"按钮，在弹出的"选择文件"对话框中选择"Dw 12/12.12 在网页中显示事件窗口"文件夹中的"youhui.html"，如图 12-150 所示。

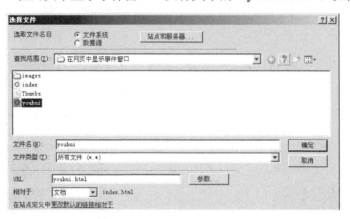

图　12-150

（5）单击"确定"按钮，返回到对话框中，其他选项的设置如图 12-151 所示，单击"确定"按钮，"行为"面板如图 12-152 所示。

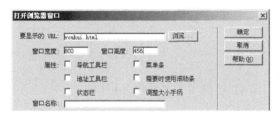　　

图　12-151　　　　　　　　　　　　图　12-152

（6）保存文档，按"F12"键预览效果，加载网页文档的同时会弹出窗口，如图 12-153 所示。

图　12-153

12.12.2　添加导航条和菜单栏

（1）返回到 Dreamweaver 界面中，双击"打开浏览器窗口"动作，弹出"打开浏览器"对话框，勾选"导航工具栏"和"菜单条"复选框，如图 12-154 所示，单击"确定"按钮完成设置。

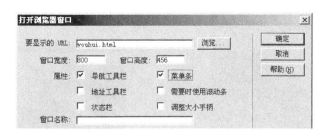

图　12-154

（2）保存文档，保存文档，按"F12"键预览效果，在弹出的窗口中显示所选的导航条和菜单栏，如图 12-155 所示。

图　12-155

12.13　显示隐藏层

使用"显示-隐藏元素"命令，可以制作鼠标经过图像时显示图像的效果。

12.13.1　绘制层并且插入图片

（1）选择"文件/打开菜单"命令，在弹出的菜单中选择"Dw 12/12.13 显示隐藏层/index.html"文件，如图 12-156 所示。

（2）单击"插入/布局"面板上的"绘制 AP Div"按钮，在页面中拖动鼠标绘制一个矩形层，如图 12-157 所示。

图　12-156

图　12-157

（3）将光标置入到层中，单击"插入/常用"面板中的"图像"按钮，弹出"选择图像源文件"对话框，选择"Dw 12/12.13 显示隐藏层/images"文件夹中的"01.jpg"，如图 12-158 所示，单击"确定"按钮完成图片的插入，效果如图 12-159 所示。

（4）再次单击"插入/布局"面板上的"绘制 AP Div"按钮，在图片的上方绘制出一个矩形层，使之与上一个层相重合，效果如图 12-160 所示。

（5）将光标置入到层中，单击"插入/常用"面板中的"图像"按钮，弹出"选择图像源文件"对话框，选择"Dw 12/12.13 显示隐藏层/images"文件夹中的"02.jpg"，单击"确定"按钮完成图片的插入，效果如图 12-161 所示。

图 12-158

图 12-159

图 12-160

图 12-161

12.13.2 隐藏显示层

（1）选择层左侧的图片，如图 12-162 所示。选择"窗口/行为"菜单命令，弹出"行为"面板，单击面板中的"添加行为"按钮 **+.**，在弹出的菜单中选择"显示-隐藏元素"命令，弹出"显示-隐藏元素"对话框。

（2）选择"div AP Div 1"后，单击"显示"按钮，再选择"div AP Div2"后，单击"隐藏"按钮，如图 12-163 所示。

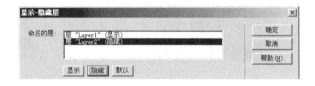

图 12-162

图 12-163

（3）单击"确定"按钮，"行为"面板如图 12-164 所示。在面板中单击"事件"中的下拉按钮 ▼，选择"onMouseOver"事件，如图 12-165 所示。

图 12-164

图 12-165

（4）选择如图 12-166 所示的图片，单击"行为"面板中的"添加行为"按钮 <kbd>+</kbd>，在弹出的菜单中选择"显示-隐藏元素"命令，弹出"显示-隐藏元素"对话框。

（5）选择"div AP Div2"后，单击"显示"按钮．再选择"div AP Divl"后，单击"隐藏"按钮，如图 12-167 所示。

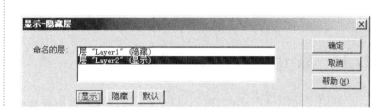

图　12-166　　　　　　　　　　　　　　　　　图　12-167

（6）单击"确定"按钮，"行为"面板如图 12-168 所示。在面板中单击"事件"中的下拉按钮 <kbd>▼</kbd>，选择"onMouseOver"事件，如图 12-169 所示。

图　12-168　　　　　　　　　　　　　　　　　图　12-169

12.13.3　设置层的可见性

（1）选择"窗口/AP 元素"菜单命令，弹出"AP 元素"面板，在面板中选中 AP Divl，如图 12-170 所示。选择"属性"面板"可见性"选项下拉列表中的"hidden"，如图 12-171 所示，设置该层为隐藏状态，面板如图 12-172 所示。

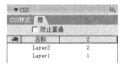

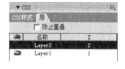

图　12-170　　　　　　　　　图　12-171　　　　　　　　　图　12-172

（2）用相同的方法将面板中的"AP Div2"设为隐藏状态，如图 12-173 所示。窗口中的效果如图 12-174 所示。

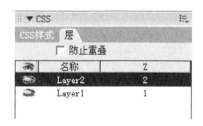

图　12-173　　　　　　　　　　　　　　　　　图　12-174

（3）保存文档，按"F12"键预览效果，当鼠标滑过小图片时，小图片的右侧会显示相对应的图像，效果如图 12-175 所示。

图　12-175

12.14　显示大图像的缩略图效果

使用"绘制 AP Div"按钮可以绘制层效果，使用显示-隐藏元素命令，可以制作单击小图像时显示大图像的效果。

12.14.1　绘制层并插入图像

（1）选择"文件/打开"菜单命令，在弹出的菜单中选择"Dw 12/12.14 显示大图像的缩略图效果/index.html"文件，如图 12-176 所示。

（2）单击"插入/布局"面板上的"绘制 AP Div"按钮，在页面左侧拖动鼠标绘制出一个矩形层，如图 12-177 所示。

图　12-176   图　12-177

（3）将光标置入到层内，在"插入/常用"面板中单击"图像"按钮，在弹出的"选择图像源文件"对话框中，选择"Dw 12/12.14 显示大图像的缩略图效果/images"文件夹中的"01.jpg"，如图 12-178 所示，单击"确定"按钮完成图片的插入，效果如图 12-179 所示。

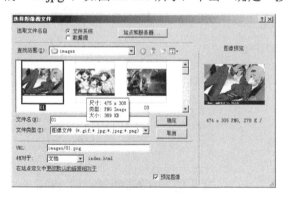 

图　12-178   图　12-179

（4）在"属性"面板中，将"左"选项设为 148，"上"选项设为 131，如图 12-180 所示。使用相同的方法，再次绘制 5 个大小与第 1 个相同的层，将图像"02.jpg"插入到第 2

个层中，"03.jpg"插入到第 3 个层中，"04.jpg"插入到第 4 个层中，"05.jpg"插入到第 5 个层中，"06.jpg"插入到第 6 个层中，如图 12-181 所示，面板如图 12-182 所示。

 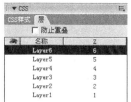

图　12-180　　　　　　　　　　图　12-181　　　　　　　　　　图　12-182

（5）选择页面中右侧的小图像，如图 12-183 所示，在"属性"面板"链接"选项的文本框中输入"＃"，如图 12-184 所示。

图　12-183　　　　　　　　　　　　图　12-184

（6）用相同的方法，分别选择右侧的小图像，在"属性"面板中"链接"选项的文本框中输入"＃"，设置完成后关闭"属性"面板即可。

12.14.2　单击小图像时显示大图像

（1）选择小图像，如图 12-185 所示，选择"窗口/行为"菜单命令，弹出"行为"面板，单击面板中的"添加行为"按钮 ＋，在弹出的菜单中选择"显示-隐藏元素"命令，弹出"显示-隐藏元素"对话框。

图　12-185　　　　　　　　　　　　图　12-186

（2）选择与小图像相对应层的名称"div AP Div2"，并单击"显示"按钮，如图 12-186 所示。选择其他层的名称，单击"隐藏"按钮，将其全部隐藏，如图 12-187 所示，单击"确定"按钮完成设置，在面板中单击"事件"中的下拉按钮▼，选择"onClick"事件，如图 12-188 所示。

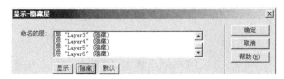 

图　12-187　　　　　　　　　　　　图　12-188

（3）选择小图像，如图 12-189 所示，单击面板中的"添加行为"按钮 ➕，在弹出的菜单中选择"显示-隐藏元素"命令，弹出"显示-隐藏元素"对话框。

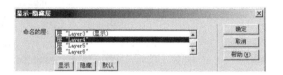

图　12-189　　　　　　　　　　图　12-190

（4）选择与小图像相对应层的名称"div AP Div3"，并单击"显示"按钮，如图 12-190 所示。选择其他层的名称，单击"隐藏"按钮，如图 12-191 所示，单击"确定"按钮完成设置，在面板中单击"事件"中的下拉按钮，选择"onClick"事件，如图 12-192 所示。

图　12-191　　　　　　　　　　图　12-192

（5）以此类推，同理完成所有小图片和相对应的大图的显示-隐藏元素行为设置。

（6）单击窗口下方"标签选择器"中的"body"标签，如图 12-193 所示，单击"行为"面板中的"添加行为"按钮 ➕，在弹出的菜单中选择"显示-隐藏元素"命令，弹出"显示-隐藏元素"对话框。

（7）选择默认图像的层"div AP Div 1"，并单击"显示"按钮，如图 12-194 所示。

图　12-193　　　　　　　　　　图　12-194

（8）选择其他层的名称，单击"隐藏"按钮，如图 12-195 所示，单击"确定"按钮完成设置。

（9）在面板中单击"事件"中的下拉按钮，在面板中保留事件"onLoad"，如图 12-196 所示。

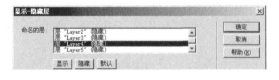

图　12-195　　　　　　　　　　图　12-196

（10）保存文档，按"F12"键预览效果，文档显示层"div AP Divl"默认图像，如图 12-197 所示。单击小图像，在文档左侧显示相应大图像的层，而其他层被隐藏，如图 12-198 所示。

图　12-197　　　　　　　　　　　　　图　12-198

12.14.3　更换图层内图像的行为

（1）选择"文件/打开"菜单命令，在弹出的菜单中选择"Dw 12/12.14 显示大图像的缩略图效果/index.html"文件，如图 12-199 所示。

（2）单击"插入/布局"面板上的"绘制 AP Div"按钮，在页面左侧拖动鼠标绘制出一个矩形层，如图 12-200 所示。

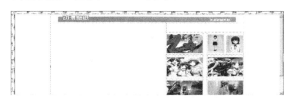

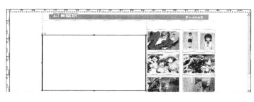

图　12-199　　　　　　　　　　　　　图　12-200

（3）将光标置入到层内，在"插入/常用"面板中单击"图像"按钮，在弹出的"选择图像源文件"对话框中，选择"Dw 12/12.14 显示大图像的缩略图效果/images"文件夹中的"ing_10.jpg"，如图 12-201 所示，单击"确定"按钮完成图片的插入，效果如图 12-202 所示。

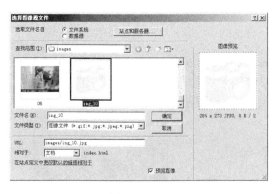

图　12-201　　　　　　　　　　　　　图　12-202

（4）保持图像的选中状态，在"属性"面板"图像名称"中输入"sl"，如图 12-203 所示。选中层，将"属性"面板"左"选项设为 148，"上"选项设为 131，如图 12-204 所示。

图　12-203　　　　　　　　　　　　　图　12-204

12.14.4　把图像替换为其他图像的行为

（1）分别选择前面已经插入的照片 01、照片 02、照片 03、照片 04、照片 05、照片 06 图片，在"属性"面板"链接"选项文本框中输入"#"，如图 12-205 所示。

（2）选择"照片 01"菜单，如图 12-206 所示，选择"窗口/行为"菜单命令，弹出"行为"面板，单击面板中的"添加行为"按钮 **+**，在弹出的菜单中选择"交换图像"命令，弹出"交换图像"对话框。

图　12-205　　　　　　　　　　　　　　　图　12-206

（3）单击"设定原始档为"选项右侧"浏览"按钮，弹出"选择图像源文件"对话框，选择菜单要显示的图像"ing_01.jpg"，如图 12-207 所示，单击"确定"按钮，如图 12-208 所示，设定图像 ing_01.jpg"替换图像"ing_10.jpg"，单击"确定"按钮完成设置。

图　12-207　　　　　　　　　　　　　　　图　12-208

（4）在"行为"面板显示"onMouseOut"和"onMouseOver"两个事件，如图 12-209 所示。

（5）选择"照片 02"菜单，如图 12-210 所示，单击面板中的"添加行为"按钮 **+**，在弹出的菜单中选择"交换图像"命令，弹出"交换图像"对话框。

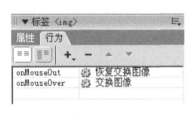

图　12-209　　　　　　　　　　　　　　　图　12-210

（6）单击"设定原始档为"选项右侧"浏览"按钮，弹出"选择图像源文件"对话框，选择菜单要显示的图像"ing_02.jpg"，如图 12-211 所示，单击"确定"按钮，设定图像"ing_02.jpg"替换图像"ing_10.jpg"，如图 12-212 所示，单击"确定"按钮完成设置。

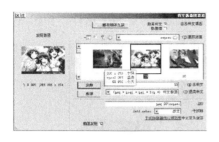

图 12-211　　　　　　　　　　　　　　　　图 12-212

（7）在"行为"面板显示"onMouseOut"和"onMouseOver"两个事件，如图 12-213 所示。

（8）选择"照片 03"菜单，如图 12-214 所示，单击面板中的"添加行为"按钮 ⬚；在弹出的菜单中选择"交换图像"命令，弹出"交换图像"对话框。

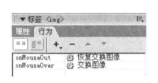

图 12-213　　　　　　　　　　　　　　　图 12-214

（9）单击"设定原始档为"选项右侧"浏览"按钮，弹出"选择图像源文件"对话框，选择菜单要显示的图像"ing_03.jpg"，单击"确定"按钮，设定图像"ing_03.jpg"替换图像"ing_10.jpg"，如图 12-215 所示，单击"确定"按钮完成设置。

（10）在"行为"面板显示"onMouseOut"和"onMouseOver"两个事件，如图 12-216 所示。

图 12-215　　　　　　　　　　　　　　图 12-216

（11）选择"照片 04"菜单，如图 12-217 所示，单击面板中的"添加行为"按钮，在弹出的菜单中选择"交换图像"命令，弹出"交换图像"对话框。

（12）单击"设定原始档为"选项右侧"浏览"按钮，弹出"选择图像源文件"对话框，选择菜单要显示的图像"ing_04.jpg"，单击"确定"按钮，设定图像"ing_04.jpg"替换图像"ing_10.jpg"，如图 12-218 所示，单击"确定"按钮完成设置。

图 12-217　　　　　　　　　　　　　　图 12-218

（13）在"行为"面板显示"onMouseOut"和"onMouseOver"两个事件，如图 12-219 所示。

（14）选择"照片 05"菜单，如图 12-220 所示，单击面板中的"添加行为"按钮，在弹出的菜单中选择"交换图像"命令，弹出"交换图像"对话框。

图　12-219　　　　　　　　　　　图　12-220

（15）单击"设定原始档为"选项右侧"浏览"按钮，弹出"选择图像源文件"对话框，选择菜单要显示的图像"ing_05.jpg"，如图 12-221 所示，单击"确定"按钮，设定图像"ing_05.jpg"替换图像"ing_10.jpg"，如图 12-222 所示，单击"确定"按钮完成设置。

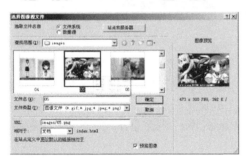

图　12-221　　　　　　　　　　　图　12-222

（16）在"行为"面板显示"onMouseOut"和"onMouseOver"两个事件，如图 12-223 所示。

（17）选择"照片 06"菜单，如图 12-224 所示，单击面板中的"添加行为"按钮，在弹出的菜单中选择"交换图像"命令，弹出"交换图像"对话框。

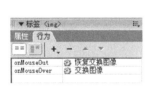

图　12-223　　　　　　　　　　　图　12-224

（18）单击"设定原始档为"选项右侧"浏览"按钮，弹出"选择图像源文件"对话框，选择菜单要显示的图像"ing_06.jpg"，如图 12-225 所示，单击"确定"按钮，设定图像"ing_06.jpg"替换图像"ing_10.jpg"，如图 12-226 所示，单击"确定"按钮完成设置。

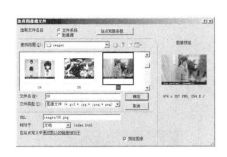

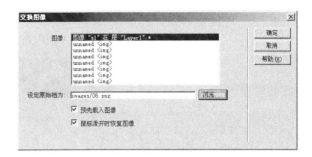

图　12-225　　　　　　　　　　　　　　图　12-226

（19）"行为"面板显示"onMouseOut"和"onMouseOver"两个事件，
如图 12-227 所示。

（20）保存文档，按"F12"键预览效果，如图 12-228 所示。当鼠标移
动到菜单上时，显示与菜单相关的图像，如图 12-229 所示。

图　12-227

图　12-228　　　　　　　　　　　　　　图　12-229

12.15　把替换的图像恢复为原图像

使用"交换图像"命令，可以制作交换图像效果；使用"恢复交换图像"命令，可以制
作恢复交换图像效果。

12.15.1　替换图像

（1）选择"文件/打开"菜单命令，在弹出的菜单中选择"Dw 12/12.15 把替换的图像恢
复为原图像/index.html"文件，如图 12-230 所示。

（2）单击"插入/布局"面板上的"绘制 AP Div"按钮 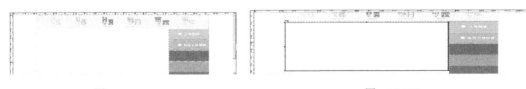，在页面左侧拖动鼠标绘制出
一个矩形层，如图 12-231 所示。

图　12-230　　　　　　　　　　　　　　图　12-231

（3）将光标置入到层内，在"插入/常用"面板中单击"图像"按钮，在弹出的"选择图
像源文件"对话框中，选择"Dw 12/12.15 把替换的图像恢复为原图像/images"文件夹中的
"ing_01.jpg"，如图 12-232 所示，单击"确定"按钮完成图片的插入，效果如图 12-233 所示。

图 12-232　　　　　　　　　　　图 12-233

（4）选择层，在"属性"面板中将"左"选项设为119，"上"选项设为109，如图12-234所示。

（5）选择文字"交换图像"，如图12-235所示，选择"窗口/行为"菜单命令，弹出"行为"面板，单击面板中的"添加行为"按钮 **+**，在弹出的菜单中选择"交换图像"命令，弹出"交换图像"对话框。

图 12-234　　　　　　　　　　　图 12-235

（6）单击"设定原始档为"选项右侧"浏览"按钮，弹出"选择图像源文件"对话框，选择菜单要显示的图像"ing_02.jpg"，如图12-236所示，单击"确定"按钮，设定图像"ing_02.jpg"替换图像"ing_01.jpg"，如图12-237所示，单击"确定"按钮完成设置。

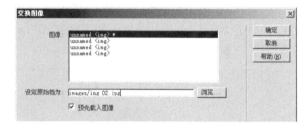

图 12-236　　　　　　　　　　　图 12-237

（7）在"行为"面板显示"onMouseOver"事件，如图12-238所示。在面板中单击"事件"中的下拉按钮 **▼**，选择"onClick"事件，如图12-239所示。

图 12-238   图 12-239

12.15.2 恢复交换图像

（1）选择文字"恢复交换图像"，如图 12-240 所示，单击面板中的"添加行为"按钮 ➕▾，在弹出的菜单中选择"恢复交换图像"命令，弹出"恢复交换图像"对话框，如图 12-241 所示，单击"确定"按钮。

图 12-240   图 12-241

（2）在"行为"面板显示"onMouseOut"事件，如图 12-242 所示。在面板中单击"事件"中的下拉按钮 ▾，然后选择"onClick"事件。

（3）保存文档，按"F12"键预览效果，如图 12-243 所示。当鼠标单击"交换图像"时，默认的图像被替换为其他图像，如图 12-244 所示。

图 12-242

（4）当鼠标单击"恢复交换图像"时，页面恢复为默认图像，如图 12-245 所示。

图 12-243   图 12-244   图 12-245

12.16 利用 JavaScript 实现关闭网页

使用"调用 JavaScript"命令，可以制作自动关闭网页的效果。

（1）选择"文件/打开"菜单命令，在弹出的菜单中选择"Dw 12/12.16 利用 JavaScript 实现关闭网页/index.html"文件。

（2）按"Shift+F4"键，弹出"行为"面板，单击面板中的"添加行为"按钮 ➕▾，在弹出的菜单中选择"调用 JavaScript"命令，弹出"调用 JavaScript"对话框，在"JavaScript"选项的文本框中输入"window.closeO"，如图 12-246 所示。

（3）单击"确定"按钮，"行为"面板效果如图 12-247 所示。

（4）保存文档，按"F12"键预览效果，如图 12-248 所示。

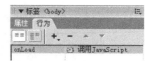

图 12-246 图 12-247

图 12-248

参 考 文 献

[1] 九州书源. Dreamweaver CS6 网页制作. 北京：清华大学出版社，2015.

[2] 孙良营. 巧学巧用 Dreamweaver CS6 网站制作. 北京：人民邮电出版社，2013.

[3] 张志科. 中文版 Dreamweaver CS6 网页设计实用教程. 北京：人民邮电出版社，2016.

[4] 张国勇，贺丽娟. Dreamweaver CC 白金手册. 北京：清华大学出版社，2015.

[5] 李英俊. 网页设计与制作. 大连：大连理工大学出版社，2010.

[6] 牛立成. 网页设计与制作. 大连：大连理工大学出版社，2007.

[7] 李敏. 网页设计与制作案例教程. 北京：电子工业出版社，2015.

[8] 杨桂，刘亚妮. 网页设计与制作. 大连：大连理工大学出版社，2010.

[9] 何芳. 网页设计与制作项目化教程. 北京：化学工业出版社，2018.